U0014953

Arduino
從入門到雲端

CAVEDU教育團隊

徐豐智、周子鈺

序

- -

　　教育好比是從 0 到 0.1，是個打底的工作。本書內容為 CAVEDU 教育團隊於諸多自造者空間所開設之「Arduino 習作工坊」課程中彙整而得，不流於電子周邊應用大全，而是針對使用者最常用到的元件依序介紹，分成入門、燈光、動力 (馬達)、聲音、通訊、機器人以及雲端應用等七個章節。讀者可根據個人需求選讀適合的章節。

　　另一方面，隨著萬物聯網的時代來臨，大家都希望能從雲端來監測並控制開發板，當然如果能夠結合一些有趣的運算服務或是社群網站就更棒了。Arduino.cc 所推出的 Arduino Cloud 雲服務，可在網頁上檢視 Arduino 所上傳的感測器狀態。另一方面，本書也介紹另一個常用的雲服務 -Temboo，可用來連接許多實用的網路服務，例如將感測器資料上傳到 Google 試算表或是發布 Facebook 個人動態等等，都能使用 Arduino 結合 Temboo 就能做到，輕鬆又方便。期待您能從本書中找到喜歡的題目。

　　展卷愉快

CAVEDU 教育團隊　謹致

service@cavedu.com

本書所有範例皆可由 www.cavedu.com/books 下載

目錄

- -

第 1 章　自造者的好朋友：ARDUINO

第 2 章　燈光之夜

目錄

第 3 章　動力之夜

目錄

目錄

作者群簡介

徐豐智

淡江大學電機工程系畢業，淡江大學機器人研究所碩士。

現為：
CAVEDU 教育團隊 雜工二號、講師

專業領域：
物聯網系統設計、RaspberryPi、Linux 系統軟硬體整合、Arduino 軟硬體整合、App 手機程式開發設計、Scratch 程式設計、樂高機器人設計。

周子鈺

清華大學生醫工程與環境科學系畢業，台灣大學醫學工程所碩士班。

現為：
來一課有限公司 創辦人
CAVEDU 教育團隊 講師群

專業領域：
兒童程式設計入門、Arduino 軟硬體整合、App Inventor 程式開發、Scratch 程式設計、S4A 互動設計、樂高機器人、Ozobot 軟硬體應用、Kodu 3D 遊戲設計。

CAVEDU 教育團隊簡介

http://www.cavedu.com

CAVEDU，帶您從 0 到 0.1！

　　CAVEDU 教育團隊是由一群對教育充滿熱情的大孩子所組成的科學教育團隊，積極推動國內之機器人教育，業務內容包含技術研發、出版書籍、研習培訓與設備販售。

　　團隊宗旨在於以讓所有有心學習的朋友皆能取得優質的服務與課程。本團隊已出版多本樂高機器人、Arduino、Raspberry Pi 與物聯網等相關書籍，並定期舉辦研習會與新知發表，期望帶給大家更豐富與多元的學習內容。

CAVEDU 全系列網站

課程介紹

研究專題

系列叢書

活動快報

App Inventor 中文學習網

http://www.appinventor.tw

　　國內第一個 App Inventor 教學部落,有豐富的教學課程與許多同好的教學分享,歡迎您將本站與本書搭配使用,保證功力大進!

　　CAVEDU 為 MIT App Inventor 團隊於物聯網與機器人之教學夥伴,邀請您一同來學習喔!

自造者的好朋友：
ARDUINO

　　我們將從這個章節進入使用 Arduino 創作的世界，我們將會完成電腦端的使用環境設定，還會跟您分享好用的軟體工具。如果您還沒有準備您的 Arduino 開發板，先不用擔心，您可以先看完這個章節後再決定要選哪一種開發板來用。

　　如果您有相關的疑惑或是需要協助的地方，可以參考我們 CAVEDU 教育團隊的網站 www.cavedu.com，或是來信 service@cavedu.com。

1-1 準備材料

名稱	數量
Arduino/Genuino UNO 或是相容開發板	1
USB 傳輸線	1

以上這兩樣材料以及麵包板與線材，在本書中的每個專題都會用到，後續的材料表中將不再列出。

1-2 認識 Arduino

Arduino 是一個源自於義大利，基於開放原始碼精神的單晶片微控制器開發平台。有別於過去培育理工人才或是給電子研發人員使用的開發板或晶片組，Arduino 專為創作者而生，使用者不須具備程式設計或是電子學等基礎，就可以輕鬆上手。

關於 Arduino 的起源故事有好幾個版本，對考古八卦有興趣朋友歡迎自行上網查閱，在此就不加以贅述了。不過目前擁有的 Arduino 商標權的廠商有兩家，Arduino.org 擁有美國以外的 Arduino 商標權，Arduino 在美國的商標權則是由 Arduino.cc 所擁有，Arduino.cc 在美國境外的地區則使用 Genuino 為商標，所以如果看到包裝為 Genuino 的開發板，它也是原廠的喔。

圖 1-1 Arduino UNO 與 Genuino UNO

　　兩間 Arduino 廠商都提供免費下載的 Arduino 程式編輯器（IDE，Integrated Development Environment，整合開發環境），較早期推出的 Arduino 開發板（如 UNO）都可以透過這兩家提供的程式編輯器撰寫與編譯程式碼，若是像 TIAN、101 等這兩年才推出的開發板就不能通用了。本書在沒有特別註明的情況下，都以 Arduino.cc 所提供的程式編輯器為主。

　　「我們認為 Arduino 的精神在於：只要有心，任何人都能用 Arduino 做出不錯的專題；甚至在幾個小時內就可以做出自己的機器人或是物聯網裝置。」

　　Arduino 在創用 CC（CREATIVE COMMONS）許可的原則之下，任何人都可以自 Arduino 網站下載電路圖等相關資料，自行製作 Arduino 的複製版，並且還能自行增減功能來販賣。您不需要為了使用 Arduino 的原有技術基礎而付費，在不侵犯商標權的情況下，也不須取得 Arduino 團隊的許可。然而，為了確保 Arduino 的開放精神，這個產品也要使用相同或類似的創用 CC 許可。您所看到 XXDUINO 這樣類似名稱的產品，這些都是以 Arduino 為基礎，並加上各家的獨門祕笈而推出的產品。例如來自中國的 Seeeduino、DFRduino、臺灣的 Motoduino。Motoduino 從字面上來看就可以猜出與馬達相關，這塊板子是結合馬達控制驅動晶片 L293D，可以驅動兩顆直流馬達（電流最大到 1.2A）並利用 PWM 特性來控制馬達轉速，板子上已預留直流馬達和藍牙模組腳位，如果您想要做遙控車，這是一個非常方便的選擇。

圖 **1-2**　Motoduino U1

　　不一定非得看懂電路圖才能自製 Arduino 開發板，您也可以透過像 Paperduino 這樣的專題，將所需要的電子零件固定在紙上，加上一點點電路焊接技巧，一樣可以做出自己的 Arduino，有興趣的朋友可以參考 CAVEDU 的 Paperduino 教學網站 http://lab.cavedu.com/paperduino。

　　另外，除了原廠提供的程式編輯器之外，還有許多程式開發工具都可編寫 Arduino 的程式碼，例如 Flash、Processing 等，也有網頁版的開發工具可以選用，甚至小朋友常用的 Scratch 也可以與 Arduino 進行互動。

　　而我們覺得 Arduino 最大的優點，就是 Arduino 的資源非常豐富，Arduino 的玩家大多很樂意分享，也許這也呼應了 Arduino 的開源、分享精神，您可以在網路上或是相關論壇找到各種函式庫、原始碼，甚至還有相關的電路圖。您站在巨人們的肩膀上，從別人的發想出發，不一定每件事情都重新開始，這對初學者是相當友善的！當然，不要忘記回饋您的成果給原作者與同好。

　　我們就從初學者常用 UNO 板來認識 Arduino 吧！

圖 1-3 Genuino UNO

表 1-1 UNO 硬體規格，節錄自 **https://www.arduino.cc/en/Main/ArduinoBoardUno**

項目	規格
微控制器	ATmega328P
工作電壓	5V
輸入電壓（建議）	7-12 V
輸入電壓（限制）	6-20V
數位輸出／入接腳數	14 其中 3、5、6、9、10、11 號提供 PWM 輸出
類比輸入接腳數	6
每個輸出／入接腳的直流電流	20mA
每個 3.3V 接腳的直流電流	50mA
Flash 記憶體	32 KB（ATmega328P，其中 0.5KB 提供給 bootloader）
SRAM	2 KB（ATmega328P）
EEPROM	1 KB（ATmega328P）
時脈	16 MHz

　　不是很瞭解規格表在寫什麼嗎？沒關係，我們再將創作時常用的周邊裝置列成表 1-2，可以幫助您想像一下運用 Arduino 做什麼？

表 1-2 Arduino 常用的周邊裝置

分類	名稱	功能	用途	出現章節
數位輸入	按鈕	偵測是否被壓下	偵測使用者輸入	2
數位輸入	溫溼度感測器	回傳周遭環境的溫度與濕度	環境監控、溫室系統	2
數位輸入	PIR 生物紅外線感測模組	偵測感測器前方有無生物經過	保全監控	4
數位輸入	超音波感測器	偵測前方障礙物的距離	機器人避障	4
類比輸入	可變電阻	依位置回傳不同的電阻值		2
類比輸入	光敏電阻	本身電阻值會根據表面所接收到的光源而變化	光源偵測	2

分類	名稱	功能	用途	出現章節
類比輸入	KY-033 循線感測器	偵測感測器前方	機器人循跡功能	5
類比輸入	XY 搖桿模組	回傳 X、Y 兩軸的偏移程度並可壓按	遊戲手把，控制機械手臂	3
類比輸入	ACS712 電流感測模組	偵測流經的電流大小	偵測系統的耗電量	7
UART	藍牙模組	接收 / 發射藍牙資料，	遙控機器人	5
I2C	MPU 6050 6 軸陀螺儀 / 加速度感測模組	偵測系統的運動狀態	自己的傾斜狀態或是否遭受撞擊搖晃	3
數位輸出	LED	發亮	顯示狀態、裝飾	2
數位輸出	繼電器	控制電路是否接通	控制家電開啟或關閉	2
數位輸出	七段顯示器	顯示單一字元或符號	顯示數字或符號等簡單資訊	2
數位輸出	16×2 LCD 模組	顯示多個字元或符號	顯示感測器數值或簡短文字	4

1-3 使用環境建置

STEP1：下載軟體

　　進入網站：http://www.arduino.cc，找到 Download，Arduino 支援 Windows、Mac OS X、Linux 等作業系統環境，請選擇適用的版本下載。Windows 的使用者除了以 Installer 安裝軟體自動安裝之外，您也可以選擇下載 ZIP file，解壓縮之後就可以直接執行，而且一台電腦可以同時安裝多個 Arduino 編輯器。這個方法也十分適用於管理或是轉移 Arduino 專題，個別的專案都放在獨立的資料夾下，不會互相影響。

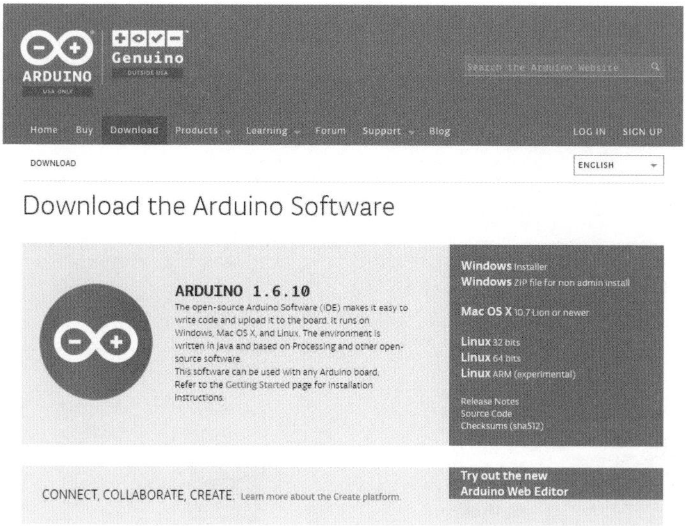

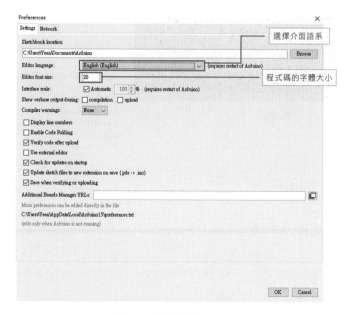

圖 1-4　下載 Arduino IDE（https://www.arduino.cc/）

STEP 2：設定使用環境

在 寫 Arduino 程 式 之 前， 您 可 以 在【 檔 案（Files）】>【 偏 好 設 定
（Preferences）】中將編輯器的介面語言改為正體中文，在這裡也可以設定程式
碼的字體大小。

圖 1-5　設定使用環境

　　雖然編輯器可以改成中文介面，但是程式碼還是只能用英文跟阿拉伯數字來撰寫。

STEP 3：設定開發板種類

　　要記得先設定好你所選用的 Arduino 板子喔！因為每個板子對應的編譯器都不一樣，選錯開發板種類，編譯器就沒辦法把程式碼翻譯成開發板可以執行的指令喔！請點選【工具（Tool）】>【板子（Board）】>【您的開發板種類】，在此為「Arduino ／ Genuino Uno」

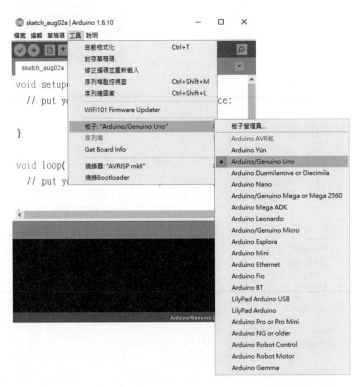

圖 1-6　設定開發板種類

STEP 4：設定連線序列埠（Serial Port）

　　請先將您的 Arduino 以 USB 線接上電腦。如果您使用的是 MAC OS X 系統，那您的序列埠要選「/dev/tty.usbmodem」，若您使用的是 Windows 系統，請打開【裝置管理員】，在【連接埠（COM 和 LPT）】裡應該就可以找到您的 Arduino 目前所使用的序列埠號。

圖 1-7　Windows 裝置管理員畫面

　　如果您的板子在裝置管理員中顯示為【未知的裝置】或是其他裝置名稱，請對它按下滑鼠右鍵選【更新驅動程式軟體】，選【瀏覽電腦上的驅動程式軟體】，指定路徑到您的 Arduino 資料夾中的【Drivers】，再依照電腦畫面的指示操作就可以完成。

　　最後，在 Arduino 編輯器中選取【工具（Tool）】>【序列埠（Port）】，選目前要使用的序列埠，如圖 1-8。

圖 1-8　設定連線序列埠

1-4 Arduino 程式編輯器的操作

Arduino IDE 主畫面 (圖 1-9) 上方程式編輯器的功能表 (圖 1-10)。

圖 1-9 Arduino IDE 主畫面

圖 1-10 Arduino 程式編輯器的功能表

左方總共有五個按鍵,分別是驗證、上傳、新增、開啟、儲存。
分別說明如下:

1. 驗證:檢查草稿碼是否有錯誤,若有錯會顯示在下方的訊息視窗內。
2. 上傳:將草稿碼編譯後並上傳程式到 Arduino 硬體。
3. 新增:建立新的草稿碼,預設檔名為當天的日期。
4. 開啟:顯示出在草稿碼簿內所有的草稿碼清單,還包括範例程式。點選其中
   之一可將其打開至當前的視窗內。
5. 儲存:儲存您的草稿碼。

除此之外,在工具列的最右端有一個類似放大鏡的圖示,那是序列埠監控視窗

（Serial Monitor），顯示由 Arduino（USB/ 序列埠連線）所傳送的序列資料。可以利用上方的輸入格來傳送資料至板子，使用前要注意序列通訊速度（鮑率 Baud）是否有調到和程式中寫的速度相同。

1-5 Fritzing

Fritzing 是一套設計 PCB 印刷電路板的軟體，您不需要有太多的電子電路基礎，就可以透過 Fritzing 軟體開放共享的精神，簡單好用的軟體操作介面，輕鬆的製作出電路板設計圖。

Fritzing 也是一個開放原始碼的軟體，我們可以在它的網站：http://fritzing. org/home/ 免費下載軟體。Fritzing 是跨平台的，有 Windows, Macintosh OS X 和 Linux 的版本。本書中會大量利用 Fritzing 製作專題電路文件，在網路上也能看到很多 Fritzing 的蹤影。您可以學會使用 Fritzing 為您的電路原型（Prototype）製作文件。

圖 1-11 Fritzing 首頁

以一個 Arduino 的初學者來說，每次完成一個實驗，例如燈終於亮了、馬達開始轉了或是藍牙終於開始通訊了，都會很捨不得拆掉現在的線路，很擔心一但拆了就再也接不回來原本的樣子了。又或者是，實驗成功了，從麵包板上把各個電子元件和線路拔下來，然後開始做另一個實驗，但是當我想回到先前曾做過的實驗，問題來了，之前寫的程式還在，可是我卻記不太清楚當初線路是怎麼接的。其實，您不用擔心，開啟 Fritzing 把手邊的電路做成文件吧！

Fritzing 的使用方法很簡單，都是用滑鼠拖放的方式，我們從元件庫把元件放到麵包板上，把這些元件連接起來，就這麼簡單，就照著手邊的電路接線吧，習慣上火線會使用紅色的，接地線使用黑色，而訊號線可以選黃色或橘色，當然，這只是方便往後我們回來看這個文件會更明瞭，這些顏色是國際上通用的慣例。接著我們就可以在三種檢視模式下工作：麵包板檢視模式（Breadboard view）、電路圖檢視模式（Schematic view）以及 PCB 檢視模式（PCB View），而且三種模式是同步更新的，我們可以更換元件、拉線路、做 PCB 佈局等，這些工作都是以視覺化的方式進行的。

Fritzing 提供了大量 Arduino 電路原型，對於一個初學者來說，範例是非常重要的，當範例還有電路原型文件可以參考的時候，這一切就太棒了！在 Fritzing 的元件庫中可以看到 Arduino 的標誌，它支援多款的 Arduino 開發板以及擴充板（Shield），另外還支援多款微控制器。

Fritzing 的使用介面如圖 1-12，可以從元件區拉出想要的元件並置於繪圖區的麵包板中。

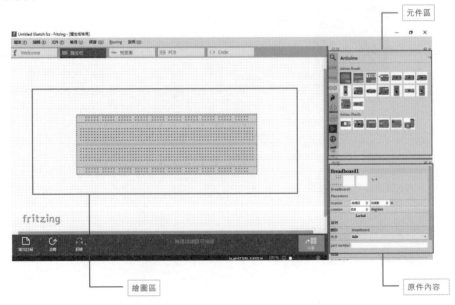

圖 **1-12** Fritzing 介面介紹

1-6　123D Circuits

　　另一個初學者常常擔心的事情，就是萬一把電子零件燒壞怎麼辦？有沒有什麼模擬的軟體可以幫我檢查電路是否正確呢？以設計軟體知名的 AUTODESK 公司設立了 123D（http://www.123dapp.com/）這個網站，將許多好用的設計軟體放在這裡。其中 123D Circuits 是一套線上電路設計軟體，並具有電路模擬功能，讓您可以先看到電路的效果，例如馬達轉動或 LED 亮起等等，甚至在電流過大而可能燒掉元件時，也會有提示警告訊息。

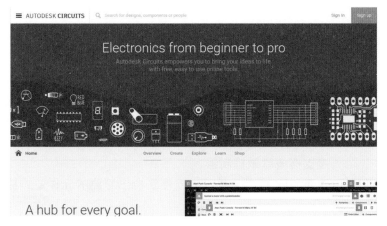

圖 1-13　123D Circuits 首頁

　　123D Circuits 內建有 Arduino UNO 與其他相容開發板，您還可以直接在這個網站上編寫 Arduino 草稿碼，並看到程式碼執行的效果，例如馬達轉動方向、LED 閃爍頻率，甚至還有多種感測器都能模擬，對於教學來說非常好用。

　　要開始使用 123D Circuits 非常簡單，開啟 123D Circuits 網站（https://circuits.io/）之後，註冊一個帳號（或使用 FACEBOOK 帳號）再登入，登入後按【+NEW】再選【New Electronic Lab】新建一個專案即可開始使用。新專案只會看到一片麵包板（圖 1-14），請點選右上角的【Components +】來新增元件，找到您要的元件之後拖到畫面中央就可以了。左上角的各個圖示可以順時鐘旋轉元件、刪除元件、自動配置畫面以及上一步 / 下一步等等這類基本操作。與 Fritzing 相同，點選元件引腳之後即可拉出電線，拉到麵包板或其他元件引腳後放開滑鼠即完成，也可調整電線折點位置、顏色或接到別的元件腳位。

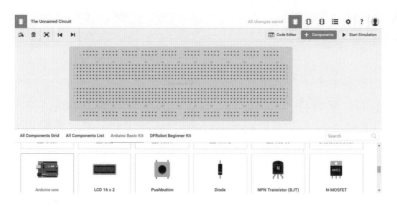

圖 **1-14** 123D Circuits 元件列表

　　首先新增一片 Arduino UNO，接著找到上方編輯列的【Code Editor】按鍵，
點擊之後會出現像 Arduino IDE 的介面，預設 blink 程式會使連接在 D13 腳位的
LED 不斷閃爍。接著按下視窗上面的【Upload and Run】，畫面上可以看到模擬
執行這隻程式的效果了：

　　接著再加上一個 LED 跟一個 220 歐姆的電阻。接線配好之後按下【Start
Simulation】，就可以看到畫面上的 LED 閃爍了。

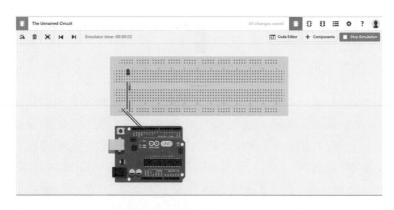

圖 **1-15** blink 程式於 123D circuit 的模擬

1-7 結語

這個章節，我們介紹了 Arduino 開發板、設定了 Arduino 的電腦開發環境、以及 Fritzing 以及 123D Circuits 等電路設計輔助軟體。接下來我們就要把實際的電子元件裝上去了。

燈光之夜

　　本章是進入 Arduino 世界的起手式，搭配容易取得且便宜的 LED 來告訴您如何藉由 Arduino 來控制外部的輸出元件。您會實際使用麵包板、電線將 LED 與可變電阻等接上 Arduino 的對應腳位。接著就要寫一些簡單的小程式，藉此製作 LED 霹靂燈、呼吸燈以及透過可變電阻來調整 LED 亮度等簡易的小範例。本書中常用的指令不多，您很快就會上手的。程式上傳到 Arduino 之後就會立刻看到效果，我們會告訴您如何加入其它元件或是修改參數來做到更多有趣的效果，現在就開始吧！

2-1 準備材料

名稱	數量
LED 5mm（顏色不拘）	4
RGB LED 5mm 共陰極	1
220 歐姆 電阻	1
500 歐姆 可變電阻	1
微動開關（2P 或 4P 皆可）	1
七段顯示器 共陰極	1
光敏電阻	1
被動式紅外線動作感測器	1

2-2 LED 閃爍

　　只要您的 Arduino 環境建置都設定完成，讓 LED 閃爍是一個只要花十秒鐘就可以完成的專題。首先，在工作列上找到【檔案（File）】>【範例（Examples）】>【01.Basics】>【Blink】，這些範例都是 Arduino 內建的，在每一支程式的上方都有一些關於這個程式的簡介。

　　此程式是讓 LED 閃爍，亮一秒後接著暗一秒反覆閃爍。輸出腳位設定在 13 號腳位，Arduino 板子上 13 號腳位的下方有一顆 LED 燈，它會連接到 Arduino 板子上 13 號腳位，換句話說，您可以不必再另外加裝 LED 燈，就可以看到效果，真的是非常方便啊！

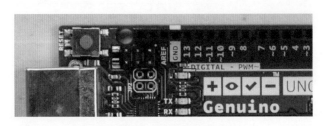

圖 2-1　連接到 13 號腳位的板載 LED

　　將程式上傳到 Arduino 後，您就可以看到板子上的 LED 燈開始閃爍，如果您的結果和我們相同，恭喜！您成功完成了第一個專題了。如果事情並非如此，檢查看看 Arduino IDE 的狀態列有沒有錯誤訊息，也許是板子或是序列埠沒有選對，請務必確定這個專案能夠執行再繼續往下練習，因為我們要先確定板子和環境設置都是沒有問題的！

　　接著，我們來一起看看這支範例程式寫了些什麼？

在 setup( ) 中，用 pinMode（13,OUTPUT）指令，設定 13 號腳位的模式為輸出。

[EX2_1]Blink

```
01    void setup() {
02    // 設定 13 號腳位的模式為輸出。
03    pinMode(13, OUTPUT);
04
```

　　在 loop( ) 中，我們要使 LED 亮起一秒後再熄滅一秒。數位輸出要使用的指令是 digitalWrite( )，記得以後自己在寫程式的時候要注意指令的大小寫，大小寫如果錯誤的話，Arduino IDE 就無法讀懂您所要使用的指令，也就無法成功上傳到板子裡了。Arduino 的每個數位腳位都能輸出高電位（High 或 1）和低電位（Low 或 0）的訊號，數位輸出指令的用法為 digitalWrite（接腳編號，訊號輸出），在這個指令中必須要給它兩個輸入，第一個位置是接腳的編號，另一個是訊號輸出值，可以填上 High／Low，當然也可以填入 1／0。delay（time）指令為程式延遲的時間，單位為毫秒，舉例來說，delay(1000) 為延遲 1000 毫秒，也就是 1 秒。

```
05  void loop() {
06    digitalWrite(13, HIGH); // 打開 LED
07    delay(1000); // 等候 1 秒鐘。
08    digitalWrite(13, LOW); // 關閉 LED
09    delay(1000); // 等候 1 秒鐘。
10  }
```

2-3 LED 呼吸燈

▶ 2-3-1 Fade

需要用到的材料：

項目	規格
220 歐姆 電阻	1
LED 5mm（顏色不拘）	1

上一節我們學會了運用數位腳位來控制 LED 燈亮滅，接著在本節中要透過 PWM 腳位來使 LED 燈亮度有漸層變化的效果。PWM，全名為脈衝寬度調變（Pulse Width Modulation），簡單來說就是一種利用數位訊號來模擬類比訊號效果的技術，而不需要使用電阻等電子元件來升降電壓。

我們稍稍認識一下什麼是類比訊號與數位訊號，類比跟數位訊號最大的不同在於訊號的處理方式：

◎數位訊號：傳遞的只有由 0(低電位) 與 1(高電位) 組成的不連續階段性訊號，因為訊號單純，所以有著比較不容易受到雜訊干擾的優點，常見於各種開關。
◎類比訊號：不像數位訊號只有 0 與 1，類比訊號由很多數值組成，傳遞的訊號較需分析才能使用，為連續性訊號，常用於溫溼度等有連續數值的偵測工具上。

我們的第一支 LED 閃爍程式，以每一秒切換一次高低電位，這樣的一個週期為兩秒鐘，頻率就是 0.5Hz。PWM 這個技術是透過提高切換頻率（在 Arduino Uno 中，接腳 5 和 6 的 PWM 輸出頻率大約為 1kHz。接腳 3、9 ～ 11 接腳的輸出頻率則為 500Hz），以數位輸出模擬類比輸出的效果。它的原理是透過改變脈衝寬度（高電位寬度）占整個工作週期（Duty cycle）的比例，模擬出不同效果的類比輸出電壓，例如脈衝寬度為 20% 的工作週期，所輸出的訊號就相當於 20% 的高電壓值，在 Arduino 中也就等於 1 伏特。

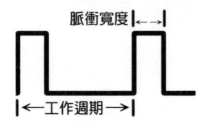

圖 2-2　PWM 工作週期

在這個範例中，我們會透過這個原理，讓 LED 燈可以逐漸變亮再逐漸變暗，就像呼吸一樣。這裡要注意的地方是，記得要先確認您手上那片板子的那個腳位是否支援 PWM，可以由腳位旁是否有(~)記號 來判斷，或是上板子所屬的官網查詢。

這支程式一樣可以在 Arduino 內建的範例中找到，在工作列上找到【檔案（File）】>【範例（Examples）】>【01.Basics】>【Fade】。不過在上傳程式前，我們必須要先接好硬體設備，您可能會覺得疑惑，為什麼不能像第一支閃爍程式一樣，使用板子上 13 腳位的 LED 燈？發現了嗎，13 號腳位上並沒有（~）的記號，也就是說 13 號腳位無法模擬類比輸出，在這個範例中，我們是從 9 號接腳輸出。

在上傳程式前，就讓我們先完成實體線路。首先，您手邊必須要有一顆 LED 燈，您應該會發現，LED 燈有兩支插腳，長腳和短腳。別忘了，比較長的是正極，比較短的是負極，如果您不小心接反了，您的 LED 燈就不會亮了，不過不用擔心，LED 在一定電壓的範圍內是不會燒壞的。所以在這個範例中，正極要接到 9 號接腳，負極要接到 GND，您會發現 9 號接腳和 GND 離得很遠，所以需要使用麵包板，利用麵包板的特性來連接它們。圖 2-2 為常見的麵包板，橫向擺放的時候，縱軸的每五個點相互連接，上下兩列則是橫向的接點都是連通的。完成線路之後，就可以上傳程式了。

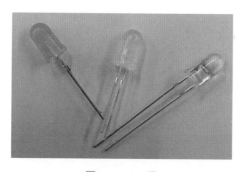

圖 2-3　LED 燈

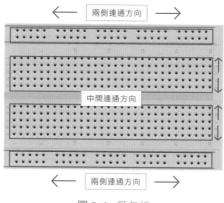

圖 2-4　麵包板

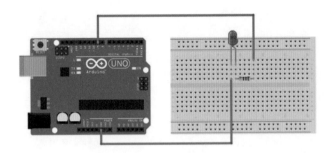

圖 2-5　〈EX2_2〉接線示意圖

　　這個專題的 LED 燈指定為 9 號腳位，另外還定義了兩個整數型的變數，一個是 brightness，另一個是 fadeAmount。在寫程式的時候通常都會使用『有意義』的英文來命名變數（中文當然不行），這也會讓後續在除錯或是要和別人討論程式時變得更加方便。

[EX2_2] 呼吸燈

```
01    int led = 9;          // LED 正極所接的位置
02    int brightness = 0;   // 決定 LED 燈亮度
03    int fadeAmount = 5;   // 每次更新增加多少亮度
04
05    void setup() {
06        // 設定 9 號腳位的模式為輸出
07        pinMode(led, OUTPUT);
08    }
```

　　這裡要介紹新的指令是 analogWrite（pin, value），它的功能是讓指定的腳位進行類比輸出，輸出的範圍是 0 ～ 255，0 表示完全沒有通電，255 表示高電位占整個工作週期（Duty cycle）的 100%。在每一次迴圈中，brightness 都會加上 fadeAmount，讓類比輸出的值每次都會增加 5。當 brightness 到達 255 時，我們需要使用 if 的判斷式來檢查，當 brightness 的值為 255 或是 0 時（"A 或者 B" 在程式中寫做：A||B），fadeAmount 要變成原本的負值，也就是再進入下一次迴圈時，brightness 值每次會減少 5（加上 -5）。

```
09    void loop() {
10        // 設定 LED 燈的亮度：
11        analogWrite(led, brightness);
12        // 增加（減少）亮度讓下次迴圈使用：
13        brightness = brightness + fadeAmount;
```

```
14
15      // 若 brightness 達到臨界值則反轉 fadeAmount 增加的方向：
16      if (brightness == 0 || brightness == 255) {
17        fadeAmount = -fadeAmount ;
18      }
19      // 等待 0.03 秒
20      delay(30);
21    }
```

▶ 2-3-2：RGB LED

需要用到的材料：

項目	規格
220 歐姆 電阻	1
RGB LED 5mm 共陰極	1

　　想要有不同顏色的燈光，卻又不想買很多不同顏色的 LED 嗎？相信 RGB LED 燈是您的好選擇。RGB LED 是一個可以發出紅色、綠色、藍色三種顏色的 LED，在圖 2-6 中可以看到它有四個腳位，其中最長的腳是用來接地的。

　　本範例是利用不同腳位來控制開關不同顏色的燈（在視覺上最多可以有 8 種不同的顏色）副程式 turnoff( ) 則是關掉所有的燈。

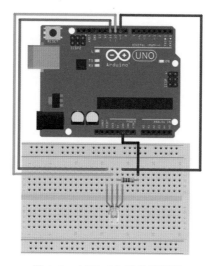

圖 2-6 〈EX2_3〉接線示意圖

[EX2_3] RGB LED

```
01    // 根據接線圖定義控制 R、G、B 的腳位
02    #define LEDR 9
03    #define LEDG 10
04    #define LEDB 11
05
06    void setup() {
07      pinMode(LEDR, OUTPUT);
08      pinMode(LEDG, OUTPUT);
09      pinMode(LEDB, OUTPUT);
10      turnoff();
11    }
12
13    // 關閉 LED
14    void turnoff(){
15      digitalWrite(LEDR, LOW);
16      digitalWrite(LEDG, LOW);
17      digitalWrite(LEDB, LOW);
18    }
19
20    // 每隔一秒改變 LED 的顏色，依序為紅、綠、藍、黃、青、洋紅
21    void loop() {
22      turnoff();
23      digitalWrite(LEDR, HIGH);// 紅色
24      delay(1000);
25
26      turnoff();
27      digitalWrite(LEDG, HIGH);// 綠色
28      delay(1000);
29
30      turnoff();
31      digitalWrite(LEDB, HIGH);// 藍色
32      delay(1000);
33
34      turnoff();
35      digitalWrite(LEDR, HIGH);// 黃色
36      digitalWrite(LEDG, HIGH);
37      delay(1000);
38
39      turnoff();
40      digitalWrite(LEDG, HIGH);// 青色
41      digitalWrite(LEDB, HIGH);
42      delay(1000);
43
44      turnoff();
45      digitalWrite(LEDB, HIGH);// 洋紅
46      digitalWrite(LEDR, HIGH);
```

```
47      delay(1000);
48  }
```

2-4 可變電阻控制 LED 亮度

需要用到的材料：

項目	規格
500 歐姆 可變電阻	1
LED 5mm（顏色不拘）	1

　　電阻的功能是用來限制電流的大小，您可以把電流想像成水管，電阻就是阻止水流的隔板，電阻愈大，可以通過的電流也會愈小。根據歐姆定律，I（安培）=V（伏特）／ R（歐姆），可以知道電流與電壓成正比，電流與電阻成反比。可變電阻就是一種電阻值可以調變的電阻，可變電阻上面有一個旋鈕，如圖 2-7 所示，當您旋轉旋鈕時，就會改變電阻值的大小，轉到 A 處電阻值為零，轉到 C 處電阻值則最大，您可以在可變電阻的旋鈕上方找到這顆可變電阻的最大值。如果您在電路圖上看到如圖 2-7 右方的符號，表示那個位置要加入一顆可變電阻。

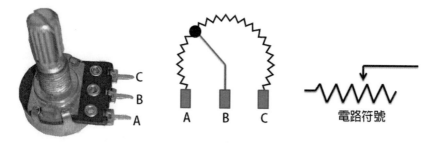

圖 2-7　可變電阻及其電路符號

　　就讓我們從可變電阻開始吧！您會發現可變電阻不像 LED 燈只有兩隻針腳，它總共有三隻針腳。如圖 2-7，中間的 B 針腳是訊號腳，而 A 和 C 一個接地，另一個接 5V，當旋鈕向著接 5V 的針腳旋轉時，電阻值會越小，反之則電阻值會越大。

　　本程式一樣可以在 Arduino 內建的範例中找到，在工作列上找到【檔案（File）】>【範例（Examples）】>【01.Basics】>【AnalogReadSerial】。在

這支程式中我們要利用序列通訊（Serial）的方式，在電腦上顯示可變電阻的狀態。在 Arduino UNO 板上總共有 6 個類比輸入腳位，分別是 A0 ～ A5。

　　首先，我們必須要在 setup( ) 函式中設定序列通訊速度，單位為每秒鐘傳送的位元（Bit）數，又稱為鮑率（Baud rate）。

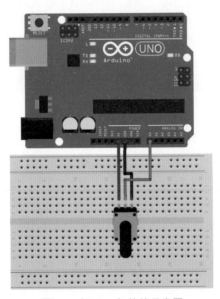

圖 2-8　〈EX2_4〉接線示意圖

[EX2_4] 可變電阻

```
01    void setup() {
02      // 設定序列通訊速度為每秒 9600 Bits:
03      Serial.begin(9600);
04    }
```

　　在 loop( ) 函式中，先定義一個名為 sensorValue 的整數變數，用來讀取 A0 類比輸入腳位的值。接著利用序列通訊將 sensorValue 的值傳到電腦，並顯示於序列監控視窗。Serial.println 指令在顯示完文字後會自動換行，如果您不需要換行，用 Serial.print 即可。最後使用 delay( ) 指令來延遲 1 毫秒。

```
05    void loop() {
06      // 讀取類比腳位 A0 上的數值 :
07      int sensorValue = analogRead(A0);
```

```
08      // 顯示出您所讀取的數值至序列埠監控視窗：
09      Serial.println(sensorValue);
10      delay(1); // 1 毫秒
11    }
```

　　如果您已經接好可變電阻也成功上傳程式了，這時請打開序列埠監控視窗，序列埠監控視窗在 Arduino IDE 右上角的放大鏡的圖案，點下去即開啟。預設的鮑率是 9,600，與此程式相同，所以不需要更改。監控視窗的左下角 autoscroll 選項要打勾，這樣監視器才會自動往下捲到最新的內容。試著旋轉可變電阻的旋鈕，您應該會看到序列埠監控視窗上的數值立刻有變化，如果您覺得是資料跳出的速度太快，讓眼睛不太舒服或是來不及看，可以將程式中 delay 的時間增長。請轉動可變電阻的旋鈕來觀看數值變化。

　　您所觀測到的最大值跟最小值各是多少呢？

　　接著要使用可變電阻控制 LED 亮度，我們現在已經可以讀取到可變電阻的輸入數值，接著只要將這個數值轉換成 LED 的亮度就可以了！請您一樣在工作列上找到【檔案（File）】>【範例（Examples）】>【03.Analog】>【AnalogInOutSerial】。

　　我想您應該能夠讀懂本範例大部份的程式碼，在此新上場的指令是 map。

　　map 指令的用法是 map（value, fromLow, fromHigh, toLow, toHigh）

　　它可以把 sensorValue 的範圍從 0 ～ 1023 調整為 0 ～ 255，因為類比輸出的範圍為 0 ～ 255，若超過也只能當作 255。現在我們將它用於 LED 輸出，若沒有 map( ) 那一行程式，輸出值為 255 ～ 1023 時 LED 亮度都會一樣，效果也沒有那麼明顯。

```
01    sensorValue = analogRead(analogInPin);
02    // 將讀取數值範圍轉換成類比輸出範圍：
03    outputValue = map(sensorValue, 0, 1023, 0, 255);
```

2-5 七段顯示器：從 0 數到 9

需要用到的材料：

項目	規格
220 歐姆 電阻	2
七段顯示器 共陰極	1

　　只有單一顆 LED 燈的話，我們只能從燈號亮滅來得知系統的狀態，例如用紅色 LED 燈代表是否進入警示狀態。如果需要呈現更多訊息的話，就需要用到多顆 LED 或是整合性的 LED 模組，例如本段要介紹的七段顯示器，就可以用來顯示 0~9 等數字。

▶ 2-4-1 七段顯示器

　　七段顯示器實際上就是 8 顆組合起來的 LED 燈，內部構造是由 8 顆 LED 所組成，其中七個是筆劃，另外一個是小數點。早期的七段顯示器由於沒有小數點，因此就真的只有『七』段。在此我們都用七段顯示器來統稱這類型的 LED 顯示模組。

　　如圖 2-9 所示，依順時針方向分別為 a, b, c, d, e, f, g 以及小數點。所以會分成共陽極與共陰極兩種規格。如果是共陽極，則需將共用腳位（上下排之中央腳位）接到正極。兩者的差別在於使用 digitalWrite() 指令時，共陰極把腳位設定為 HIGH 時會使得該段的 LED 亮起，共陽極則是熄滅。

圖 2-9 常見的單位數七段顯示器（又分成有 / 無小數點）

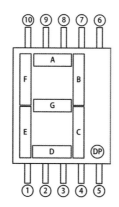

圖 2-10 共陰極七段顯示器接線說明

　　本範例的接線有點複雜，請將七段顯示器的 3, 8 號腳接到 Arduino 的 GND（本例使用共陰極，若為共陽極請將 3、8 腳接到 +5V）。請根據圖 2-10 將 Arduino 的 2 ～ 8 號數位腳位接到七段顯示器對應的腳位，並在 GND 接腳上串聯一顆 220 歐姆電阻。完成如圖 2-11：

Arduino 腳位	七段顯示器腳位（筆劃）
2	7 (A)
3	6 (B)
4	4 (C)
5	2 (D)
6	1 (E)
7	9 (F)
8	10 (G)
9	5 (DP)

圖 2-11 <EX2_5> 接線示意圖

　　接線完成，開始寫程式了。請直接開啟本章對應的範例並上傳到 Arduino 開發板即可。

[EX2_5a] 七段顯示器第一版

```
01    void setup() {
```

```
02      pinMode(2, OUTPUT);
03      pinMode(3, OUTPUT);
04      pinMode(4, OUTPUT);
05      pinMode(5, OUTPUT);
06      pinMode(6, OUTPUT);
07      pinMode(7, OUTPUT);
08      pinMode(8, OUTPUT);
09      pinMode(9, OUTPUT);
10      digitalWrite(9, 0);   // 關閉小數點
11    }
12
13    void loop() {
14      // 顯示數字 '9'1 秒鐘
15      digitalWrite(2, 1);
16      digitalWrite(3, 1);
17      digitalWrite(4, 1);
18      digitalWrite(5, 0);
19      digitalWrite(6, 0);
20      digitalWrite(7, 1);
21      digitalWrite(8, 1);
22      delay(1000);
23
24      // 顯示數字 '8'1 秒鐘
25      digitalWrite(2, 1);
26      digitalWrite(3, 1);
27      digitalWrite(4, 1);
28      digitalWrite(5, 1);
29      digitalWrite(6, 1);
30      digitalWrite(7, 1);
31      digitalWrite(8, 1);
32      delay(1000);
33
34      // 顯示數字 '7'1 秒鐘
35      digitalWrite(2, 1);
36      digitalWrite(3, 1);
37      digitalWrite(4, 1);
38      digitalWrite(5, 0);
39      digitalWrite(6, 0);
40      digitalWrite(7, 0);
```

```
41      digitalWrite(8, 0);
42      delay(1000);
43
44      // 顯示數字 '6'1 秒鐘
45      digitalWrite(2, 1);
46      digitalWrite(3, 0);
47      digitalWrite(4, 1);
48      digitalWrite(5, 1);
49      digitalWrite(6, 1);
50      digitalWrite(7, 1);
51      digitalWrite(8, 1);
52      delay(1000);
53
54      // 顯示數字 '5'1 秒鐘
55      digitalWrite(2, 1);
56      digitalWrite(3, 0);
57      digitalWrite(4, 1);
58      digitalWrite(5, 1);
59      digitalWrite(6, 0);
60      digitalWrite(7, 1);
61      digitalWrite(8, 1);
62      delay(1000);
63
64      // 顯示數字 '4' 1 秒鐘
65      digitalWrite(2, 0);
66      digitalWrite(3, 1);
67      digitalWrite(4, 1);
68      digitalWrite(5, 0);
69      digitalWrite(6, 0);
70      digitalWrite(7, 1);
71      digitalWrite(8, 1);
72      delay(1000);
73
74      // 顯示數字 '3'1 秒鐘
75      digitalWrite(2, 1);
76      digitalWrite(3, 1);
77      digitalWrite(4, 1);
78      digitalWrite(5, 1);
79      digitalWrite(6, 0);
```

```
80      digitalWrite(7, 0);
81      digitalWrite(8, 1);
82      delay(1000);
83
84      // 顯示數字 '2' 1 秒鐘
85      digitalWrite(2, 1);
86      digitalWrite(3, 1);
87      digitalWrite(4, 0);
88      digitalWrite(5, 1);
89      digitalWrite(6, 1);
90      digitalWrite(7, 0);
91      digitalWrite(8, 1);
92      delay(1000);
93
94      // 顯示數字 '1' 1 秒鐘
95      digitalWrite(2, 0);
96      digitalWrite(3, 1);
97      digitalWrite(4, 1);
98      digitalWrite(5, 0);
99      digitalWrite(6, 0);
100     digitalWrite(7, 0);
101     digitalWrite(8, 0);
102     delay(1000);
103
104     // 顯示數字 '0' 4 秒鐘
105     digitalWrite(2, 1);
106     digitalWrite(3, 1);
107     digitalWrite(4, 1);
108     digitalWrite(5, 1);
109     digitalWrite(6, 1);
110     digitalWrite(7, 1);
111     digitalWrite(8, 0);
112     delay(4000);  // 暫停 4 秒鐘
113   }
```

執行時，應該可以看到七段顯示器會從 9 每隔一秒倒數到 0，等候 4 秒鐘之後再次從 9 倒數。如果有某一段不亮或是數字顯示錯誤的話，請檢查所有的接線是否正確。

▶ 2-4-2 使用副函式

上一段的程式雖然可以正確執行，不過程式這樣寫實在是太繁瑣了，您會被一堆 digitalWrite 搞得很煩吧，這時可以自行定義副函式讓主程式看起來更清爽。

我們把顯示 9 這個數字的函式定義如下，您不難看出這樣做只是把對應的 digitalWrite 指令放進去而已。

```
01    void nine() {
02      digitalWrite(2, 1);
03      digitalWrite(3, 1);
04      digitalWrite(4, 1);
05      digitalWrite(5, 0);
06      digitalWrite(6, 0);
07      digitalWrite(7, 1);
08      digitalWrite(8, 1);
09    }
```

使用時只要輸入這個副函式的名稱就會自動執行其內容，例如：nine()。所以我們的主程式會變成這樣：

<EX2_5b> 七段顯示器從 9 倒數到 0- 第 2 版，使用副函式

```
01    void setup() {
02      //setup 內容同 2_5a
11    }
12
13    void loop() {
14      nine();   // 呼叫數字 '9' 的自定義函式
15      delay(1000);
16      eight();   // 呼叫數字 '8' 的自定義函式
17      delay(1000);
18      seven();   // 呼叫數字 '7' 的自定義函式
19      delay(1000);
20      six();   // 呼叫數字 '6' 的自定義函式
21      delay(1000);
22      five();   // 呼叫數字 '5' 的自定義函式
23      delay(1000);
24      four();   // 呼叫數字 '4' 的自定義函式
```

```
25      delay(1000);
26      three();  // 呼叫數字 '3' 的自定義函式
27      delay(1000);
28      two();   // 呼叫數字 '2' 的自定義函式
29      delay(1000);
30      one();   // 呼叫數字 '1' 的自定義函式
31      delay(1000);
32      zero(); //  呼叫數字 '0' 的自定義函式
33      delay(4000);
34    }
35
36    // 顯示數字 '9' 的自定義函式
37    void nine() {
38      digitalWrite(2, 1);
39      digitalWrite(3, 1);
40      digitalWrite(4, 1);
41      digitalWrite(5, 0);
42      digitalWrite(6, 0);
43      digitalWrite(7, 1);
44      digitalWrite(8, 1);
45    }
46    // 其餘副函式定義省略，請直接開啟本範例程式碼即可
```

　　<EX2_5b> 的執行效果與 <EX2_5a> 完全相同，但您可以發現 loop( ) 主程式迴圈中變得清爽多了，良好的副函式命名有助於我們更快理解整體的功能，不要輕忽囉！

　　或者，我們可以在宣告函式的時候，加入一個參數讓函數可以接受來自外部呼叫所傳入的數值，這樣程式的彈性就更大了。例如以下我們要多一個名為 time 的整數參數，用來指定每個數字亮起的時間：

```
30    void nine(int time) {
31      digitalWrite(2, 1);
32      digitalWrite(3, 1);
33      digitalWrite(4, 1);
34      digitalWrite(5, 0);
35      digitalWrite(6, 0);
36      digitalWrite(7, 1);
```

```
37      digitalWrite(8, 1);
38      delay(time);
39    }
```

這時我們可以這樣呼叫它：nine(1500);

當 1500 這個數字進入 nine 函式之後會被指定為 delay() 指令的參數，也就是等候時間。如此一來我們就可以在呼叫函式的時候同時指定亮起的時間了。函式可以擁有多個參數，所以您可以自由加入更多參數，但也要注意太多參數的話，反而會容易搞混，這裡就要請您好好拿捏了。

改寫後的七段顯示器範例如下，您可以透過參數來指定各個數字亮起的時間：

```
01    void setup() {
11      //setup 內容同 2_6a
12    }
13
14    void loop() {
15      nine(1500);  // 顯示數字 '9' 1.5 秒
16      eight(2000); // 顯示數字 '8' 2 秒
17      seven(1300); // 顯示數字 '7' 1.3 秒
18      six(3000);   // 顯示數字 '6' 3 秒
19      five(1000);  // 顯示數字 '5' 1 秒
20      four(2700);  // 顯示數字 '4' 2.7 秒
21      three(500);  // 顯示數字 '3' 0.5 秒
22      two(1800);   // 顯示數字 '2' 1.8 秒
23      one(200);    // 顯示數字 '1' 0.2 秒
24      zero(4000);  // 顯示數字 '0' 4 秒鐘
25    }
26    // 其餘副函式定義省略，請直接開啟本範例程式碼即可
```

您是否發現，光是一顆七段顯示器就快把 Arduino 的腳位用光啦！這時候可以購買整合好位移暫存器晶片的七段顯示器模組，就能節省使用的腳位數量。另一方面，如果您覺得單一個七段顯示器還是不夠用的話，市面上也很容易買到 2 位數、4 位數的七段顯示器模組，由於部分的腳位可以共用，所以您可由下圖看到只要 4 隻腳位就能控制多個七段顯示器，其中會用到 74HC595 這類型的位移暫存器（shift register）晶片，這樣就能使用 3 隻腳位控制 8 顆 LED。

2-6 光敏電阻

需要用到的材料：

項目	規格
光敏電阻	1
LED 5mm（顏色不拘）	4
220 歐姆 電阻	1

　　光敏電阻是一種小型的無極性類比式被動元件，利用光電導效應讓本身電阻值發生變化的一種特殊電阻。它的電阻值和照射到表面的光線強弱有直接關係。光強度增加，則電阻值降低；反之光強度減弱時，電阻值增大。

圖 2-12 常見的光敏電阻

本範例將使用光敏電阻控制 4 顆 LED，在此的設定如下：

◎ 0~200：不亮燈

◎ 201~400：亮起左側第一顆

◎ 401~600：亮起左側第一與第二顆

◎ 601~800：亮起左側第一到第三顆

◎ >801：全數亮起

　　您可以根據實際的狀況來修改這些 if 判斷式的條件，或是增減 LED 的數量。別怕，動手做就對了！

　　由於光敏電阻屬於被動的無極性元件，因此哪一隻腳位接到 Arduino 的 5V 腳位都可以，另一隻接到 GND 即可，但要多接一條線到 Arduino 的 A0 類比輸入腳位。四顆 LED 則由右而左依序接到 Arduino 的 2、9、11 與 13 等數位腳位（或視實際情況調整），接線完成如圖 2-13、圖 2-14：

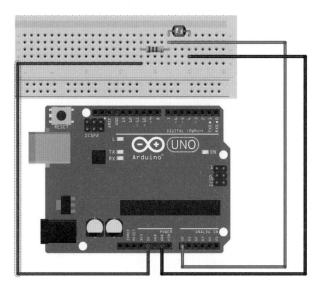

圖 **2-13** 先接上光敏電阻

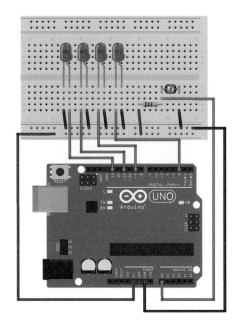

圖 **2-14** <EX2_6> 接線示意圖

　　您會發現上兩圖在接地與接電上有點不同，這是因為我們運用了麵包板上的共接電與共接地等軌，您可以看到所有 LED 的負極腳位都先接到麵包板的接地軌，再從接地軌任一空的腳位接到 Arduino 的 GND 腳位即可。這樣一來，所有的元件都可以透過麵包板的接地軌來接地，就不會受到 Arduino 開發板的 GND 腳位數量影響了。接電的做法也是一樣，您可以讓多個元件透過麵包板接到 Arduino 的電源腳位。這個做法在後續會很常運用喔！

<EX2_6> 光敏電阻控制 LED 長條圖

```
01    void setup() {
02      pinMode(2, OUTPUT);
03      pinMode(9, OUTPUT);
04      pinMode(11, OUTPUT);
05      pinMode(13, OUTPUT);
06      Serial.begin(9600);
07    }
08
09    void loop() {
10      int x = analogRead(A0);
11      if ( (x >= 0) && (x <= 200)) { // 全數熄滅
12        digitalWrite(2, LOW);
13        digitalWrite(9, LOW);
14        digitalWrite(11, LOW);
15        digitalWrite(13, LOW);
16      }
17      else if ( (x > 200) && (x <= 400)) { // 亮起左側第一顆 LED
18        digitalWrite(2, LOW);
19        digitalWrite(9, LOW);
20        digitalWrite(11, LOW);
21        digitalWrite(13, HIGH);
22      }
23      else if ( (x > 400) && (x <= 600)) { // 亮起左一左二 LED
24        digitalWrite(2, LOW);
25        digitalWrite(9, LOW);
26        digitalWrite(11, HIGH);
27        digitalWrite(13, HIGH);
28      }
```

```
29    else if ( (x > 600) && (x <= 800)) { // 亮起左一至左三 LED
30      digitalWrite(2, LOW);
31      digitalWrite(9, HIGH);
32      digitalWrite(11, HIGH);
33      digitalWrite(13, HIGH);
34    }
35    else { //x>800，LED 全數亮起
36      digitalWrite(2, HIGH);
37      digitalWrite(9, HIGH);
38      digitalWrite(11, HIGH);
39      digitalWrite(13, HIGH);
40    }
41    Serial.print("light value: ");
42    Serial.println(x);    // 顯示光值
43    delay(200);
44  }
```

操作時，請開啟 Arduino IDE 的序列埠監控視窗，可以用智慧型手機的閃光燈或其他光源對著光敏電阻來回移動，應該可以看到序列埠監控視窗中的數值與 LED 亮起的數目都在變化。

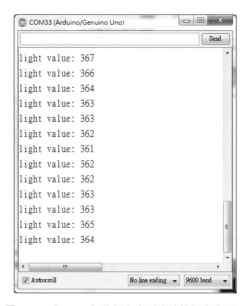

圖 2-15 〈EX2_6〉執行之序列埠監控視窗畫面。

2-7 按鈕控制 LED 亮滅

需要用到的材料：

項目	規格
10K 歐姆 電阻	3
LED 5mm（顏色不拘）	1
微動開關（2P 或 4P 皆可）	1

　　介紹完常用的數位輸出裝置之後，要來認識簡易的數位輸入裝置－按鈕。這樣一來，您就能透過按鈕來與 Arduino 互動了，例如本段的按鈕控制 LED 亮滅就是很好的入門範例。

圖 **2-16** 常見的兩腳按鈕

　　由於按鈕只能反映本身是否被壓下，這在資料型態上屬於布林（Boolean），因此我們會使用 Arduino 的 digitalRead() 指令來讀取按鈕所連接的數位腳位，回傳值 1 代表高電位，0 則是低電位。

　　另一方面，我們需要在按鈕串聯一個電阻，電阻值在 10K~100K 左右都可以，這是為了解決按鈕腳位的彈跳（Bouncing）狀態。您可以試試看把下圖中的電阻換成普通的電線再執行本段範例，您會發現在沒有操作按鈕的情況下，序列埠監控視窗的數字會〔0、1、0、1〕不規則亂跳，這當然不是我們所希望的，所以要加入一個電阻來解決這個問題，如圖 2-17。

　　如果這個電阻的一端接到 5V 或 Vcc，稱為上拉（Pull-up）電阻，這時當按鈕沒有壓下時，digitalRead() 指令的結果為 HIGH 或 1。這和我們所想的剛好相反，所以如果把電阻另一端接到 GND，就稱為下拉（Pull-down）電阻，這樣當按鈕被壓下時，digitalRead() 指令的結果就是 HIGH 或 1 了。

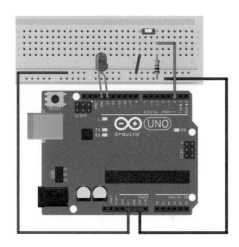

圖 2-17 <EX2_7> 接線示意圖

本段的範例修改自 Arduino 的內建範例，Arduino IDE 的【檔案（File）】>【範例（Examples）】>【02.Digital】>【Button】，請開啟本章範例程式碼資料夾找到對應檔名的 Arduino 草稿碼後開啟即可：

<EX2_7>

```
01    int buttonPin = 2;       // 按鈕連接之腳位編號
02    const int ledPin =  13;        //LED 連接之腳位編號
03
04    int buttonState = 0;           // 讀取按鈕狀態的變數
05
06    void setup() {
07      pinMode(ledPin, OUTPUT);
08      pinMode(buttonPin, INPUT);
09      Serial.begin(9600);
10    }
11
12    void loop() {
13      buttonState = digitalRead(buttonPin); // 讀取按鈕狀態
14      Serial.println(buttonState); // 顯示按鈕狀態
15      // 檢查按鈕是否被壓下，被壓下時 buttonState 值為 HIGH
16      if (buttonState == HIGH) {
```

```
17        digitalWrite(ledPin, HIGH);
18        Serial.println("LED on");
19      } else {
20        digitalWrite(ledPin, LOW);
21        Serial.println("LED off");
22      }
23      delay(100);
24    }
```

　　執行時，請按下按鈕來看看 LED 是否正確根據按鈕狀態而亮滅，如果沒有的
話請檢查接線是否正確。

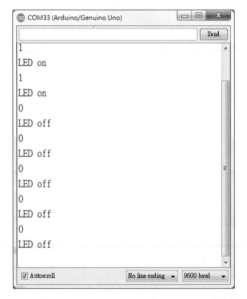

圖 2-18　〈EX2_7〉執行之序列埠監控視窗畫面。

2-8　PIR 動作感測器

需要用到的材料：

項目	規格
被動式紅外線動作感測器	1
LED 5mm（顏色不拘）	1

您也可以使用被動式紅外線動作感測器（Passive Infrared Motion Sensor，後簡稱 PIR），它可以偵測一定範圍之內有無具紅外線物體移動（如，利用人來控制 LED 燈）。

圖 2-19 PIR 動作感測器

在此附上一個簡單範例，當 PIR 感測器偵測到有東西經過時，就會讓 LED 亮起，您不難發現這樣的架構與 2-7 的按鈕控制 LED 可說是一模一樣。接線完成如下：

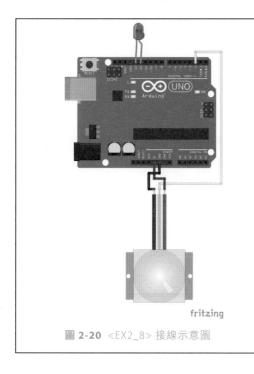

圖 2-20 <EX2_8> 接線示意圖

Arduino 腳位	PIR 動作感測器
5V	VCC
2	OUT
GND	GND

<EX2_8>PIR 紅外線感測器量測障礙物

```
01   int pir = 2;           // 紅外線動作感測器連接的腳位
02   int led = 13;          // LED 腳位
03   int sensorValue = 0;   // 紅外線動作感測器訊號變數
04
05   void setup() {
06     pinMode(pir, INPUT);
07     pinMode(led, OUTPUT);
08   }
09
10   void loop(){
11     // 讀取 PIR Sensor 的狀態
12     sensorValue = digitalRead(pir);
13
14     // 判斷 PIR Sensor 的狀態
15     if (sensorValue == HIGH) {
16       digitalWrite(led, HIGH);
17     }
18     else {
19       digitalWrite(led, LOW);
20     }
21   }
```

2-9 繼電器

需要用到的材料：

項目	規格
繼電器	1

　　如果您需要控制像是電扇、燈泡這種使用 110V 交流電的家用電器的話，由於
Arduino 的作業電壓約在 6~20V 之間，遠低於家用電器的電壓，因此無法直接操
作。這時就需要借助繼電器了，由 Arduino 發送訊號給繼電器，藉此控制接在繼
電器上的電線是否能過電。後續的應用可以在 Arduino 上加裝網路擴充板或是藍
牙模組，就能無線遙控您的家電啦，我們會在第五章介紹如何讓透過藍牙模組來

與 Arduino 互動。

▶ 2-9-1　繼電器模組介紹

　　繼電器（Relay）是一種可以讓小電力裝置控制大電力裝置的開關，例如 Arduino 與家用電器相比，前者就算是小電力裝置，因此 Arduino 需要透過繼電器來控制馬達、白熱燈泡或電暖爐等大電流設備的開關狀態。

　　繼電器模組會根據本身可控制的電器數量分成 1-Channel、2-Channel、4-Channel 與更多，另一方面，繼電器可允許的電壓、電流大小會影響繼電器模組的售價，以本範例來說只要購買 1-Channel 的繼電器就可以了。如下圖，左側三隻接腳要分別接到 Arduino 的 +5V、GND 與指定之數位腳位（都會有清楚標示），我們將藉由控制這隻腳位的高低電位狀態來確定繼電器是否切換。右側的三個螺絲接頭，則分別是 NC（Normal close，常時關閉）、COMMON（共用）與 NO（Normal open，常時開啟），您需要將剪開的電線一端接到 COMMON，另一端接到 NC 或 NO 其中之一即可。詳細作法我們會在下一個範例說明。

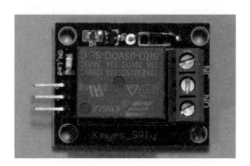

圖 2-21 常見的 1-Channel 繼電器模組

　　繼電器的接線相當簡單，請將繼電器的訊號腳位接到 Arduino 的 D13 數位腳位，其餘腳位分別接電與接地即可。接線完成如下：

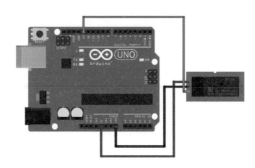

圖 2-22 繼電器接線示意圖

　　本段的範例直接修改 Blink 範例即可，就不多介紹程式啦。執行時，您會聽到繼電器發出『咖』的聲音，代表它切換了一次。請注意，大部分的家用電器都不可以非常頻繁地開開關關，甚至有可能會壞掉。因此在切換時間上（delay()）請不要使用太短的時間。

2-10　DHT 溫溼度感測器

需要用到的材料：

項目	規格
DHT11 溫溼度感測器	1
繼電器	1
市電電線	1

　　延續上一段的專題，讓我們加入一個溫溼度感測器來做一個簡單的溫控系統吧。當溫度超過我們所設定的值時，就會透過繼電器來啟動風扇。

▶ 2-10-1 溫溼度感測器介紹

　　本範例所使用的是常見的 DHT11 溫溼度數位感測器，可量測環境中的溫度與濕度變化，因此常用在氣象站或是智慧園藝照護系統等專案。

　　DHT11 是一個可量測附近環境濕度與溫度的數位感測器模組，可將所量測到的溫、濕度資料拆解成為數位訊號，我們只要藉由其函式庫去讀取 data 腳位即可。使用上很簡單，但是抓取資料時需要注意時間間隔，建議每筆資料的抓取時間間隔最好相距 1~2 秒鐘，不能太快。如果您需要更精確的結果，建議可改用 DHT22 或其它更高精度的溫溼度感測器模組。但就教學用途來說，DHT11 已相當足夠。

表 2-1 DHT11 溫溼度感測器規格

尺寸	15.5mm x 12mm x 5.5mm
電源供應	3~5V
溫度測量範圍 / 精度	0~50℃ , ±2℃
濕度測量範圍 / 精度	20~90%RH, ±5%RH
建議讀取頻率	不高於每秒一次

腳位說明	1：Vcc – 電源 2：Data 4：GND 注意：3 號腳位沒有用途，請不要接任何東西

資料來源：**https://learn.adafruit.com/dht/overview**

圖 **2-23** DHT11 溫溼度感測器

　　本範例的接線相當簡單，請將繼電器的訊號腳位接到 Arduino 的 D13 數位腳位，並將溫溼度感測器的第 2 腳位接到 Arduino 的 D4 腳位，根據規格説明，需要在 DHT 溫溼度模組的第一（Vcc）與第 2（Data）腳位之間用一個 4.7k 歐姆的電阻彼此連接。其餘對應的電源、接地腳位參考下圖接好。DHT 溫溼度模組的第 3 隻腳請不要接任何東西，接線完成如下：

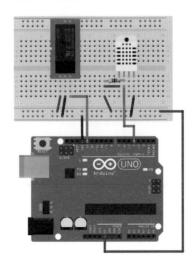

圖 **2-24** <EX2_9> 接線示意圖

▶ 2-10-2 匯入函式庫

Arduino 1.6 版之後新增了函式庫管理員（Library Manager）功能，讓您可以直接從選單中搜尋要用的函式庫，而非早期以手動方式複製到 Arduino 路徑下的 libraries 資料夾。請點選 Arduino IDE 的【草稿碼（Sketch）】/Include library/ Manage Libraries……，管理函式庫，如圖 2-25。

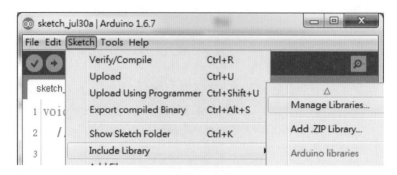

圖 2-25 函式庫管理員路徑

開啟函式庫管理員之後，它會自動更新可用的函式庫清單。請在右上角欄位輸入『dht』再按下 Enter 鍵，會列出如下圖的搜尋結果。請點選 [DHT sensor library by Adafruit] 這個選項，點選 Install 就會安裝。

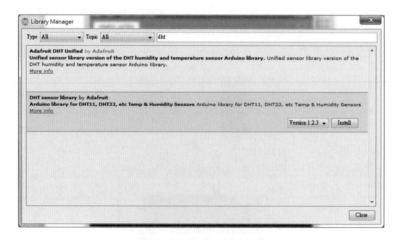

圖 2-26 搜尋『dht』的結果

上一段的範例我們只有確認繼電器可切換就算完工了，到了本段就要實際上接上家電，看是要使用電風扇、檯燈或是手機充電器都可以。在此建議您額外買一條公母頭的電線，不要直接去剪吹風機的電線，會被媽媽罵喔！

　注意！在操作任何與電有關的東西時，請務必戴上護目鏡、手套與相關的安全保護設施。另外也要使用絕緣膠帶將所有裸露的電線包好，以免觸電或發生短路造成危險。

　請依照下列步驟將電線接上繼電器：

1. 拿出公母頭的電線（圖 2-27），由中央處剪斷。
2. 其中會有兩條小電線，請拉出適當長度成 Y 字型以便後續接上繼電器。接著請將兩條黑色電線前端剝除 2~3mm 的絕緣塑膠皮，完成如圖 2-28。
3. 將兩條電線一端接在繼電器的 COMMON 螺絲接頭，另一端接在 NO 或 NC 螺絲接頭，接著鎖緊到不會掉出來即可。完成如圖 2-29。接在 NO 或 NC 的差別在於將繼電器訊號腳位指定為高電位時，這條電線會通電或斷電，如果您發現執行的效果與所希望的相反，只要將 NC 換到 NO（或相反）即可。

NC？NO？是什麼意思？

在繼電器的範例中，我們說明了 NC 代表常時關閉（Normal close）與 NO 代表常時開啟（Normal open）。NO 與 COM 成開路狀態，因此當繼電器觸發的時候，就會與 COM 導通。反之，NC 則與 COM 保持導通，當繼電器消磁時就會與 COM 斷開。

圖 2-27 公母頭電線

圖 2-28 剪斷並剝除其中小電線的絕緣皮

圖 2-29 繼電器與市電電線

▶ 2-10-4 溫度控制風扇

本範例將使用 DHT11 溫溼度感測器來讀取環境溫度，當溫度超過設定值時，就會觸發繼電器來啟動電扇。由於繼電器只是控制該條電線是否通電，因此您所要控制的電器當然要在開啟的狀態，這樣當電線通電時，電器自然就會啟動了。

\<EX2_9\> DHT

```
01   #include <dht.h>
02   dht DHT;                    // 定義 dht 物件
03
04   #define DHT11_PIN 4         // 定義 DHT 之訊號腳位接在 Arduino D4
05   int threshold = 28;         // 觸發繼電器之邊界值
06
07   void setup()
08   {
09     Serial.begin(9600);
10     pinMode(13, OUTPUT);      // 繼電器之訊號腳位
11   }
12
13   void loop()
14   {
15     // 顯示溫度與濕度
16     Serial.print(DHT.humidity, 1);
17     Serial.print(",\t");
18     Serial.println(DHT.temperature, 1);
19     // 根據溫度觸發繼電器
20     if (DHT.temperature > threshold) {
21       digitalWrite(13, HIGH);
22       Serial.println("fan on");
23     }
24     else {
25       digitalWrite(13, LOW);
26       Serial.println("fan off");
27     }
28     delay(4000);
29   }
```

執行時，請輕輕地捏住感測器或對它呼氣（不要丟到水裡面！），另一方面，溫度與濕度本來就不是劇烈變化的環境狀況，因此不太需要非常頻繁地讀取，藉此可以讓 Arduino 保留一些運算效能做別的事情。上述範例中只有用到溫度，您可以想想看可以藉由偵測濕度（DHT. humidity）來進行什麼有趣的應用。

2-11 結語

在這個章節，我們撰寫 Arduino 程式控制 RGB LED 燈，呈現各種顏色的燈光變化。也利用延遲時間的功能，讓 LED 燈呈現呼吸一般一連串有層次的亮度變化，最後我們可以模仿家裡的小夜燈，使用可變電阻當旋轉鈕，控制 LED 燈亮暗，讓我們可以自由的使用燈做一些生活上、藝術上作品的應用。

2-12 延伸挑戰

挑戰一

題目：進階控制 RGB 燈

您需要用到的東西：

名稱	數量
220 歐姆 電阻	1
RGB LED 5mm 共陰極	1

請修改 [EX2_3]，讓綠燈維持 10 秒，黃燈閃爍 2 秒，接著紅燈維持 5 秒的紅綠燈效果。您也可以自己設定時間長度，但要記得若是程式碼有修改過，就要重新上傳新的程式碼。

挑戰二

題目：簡化程式

接續 [EX2_6]，在 2-4-2 中有教過如何使用副函式來簡化主程式，思考一下如何把每個 if 判斷式中的 4 個 digitalWrite() 用副函式來管理。

動力之夜

現在！我們讓作品動起來！

本章我們將介紹最常用使用的三種馬達給您，分別是直流馬達、步進馬達和伺服機。我們還會在本章之中介紹如何在作品裡加上其他的晶片來擴充 Arduino 的功能

3-1　準備材料

名稱	數量
伺服機	1
L293	1
TA7279	1
直流馬達	1
ULN2003	1
步進馬達	1

3-2　伺服機

您需要用到的東西：

名稱	數量
伺服機	1

　　伺服機又稱舵機，原本用來控制遙控模型的移動方向，比如遙控船的方向舵，方向舵的角度，改變模型船的行進方向，因此伺服機不需要連續轉動，但角度需要準確，伺服機只需要轉動 0~180 度，因此遙控車的輪胎、螺旋槳飛機的尾翼都是用伺服機進行控制。

　　一般的伺服機是由電源（Vcc）、地（GND）、訊號三條線組成，通常電源為紅色或接近紅色的線、地線為黑色或接近黑色、訊號線為黃色，請注意訊號線需要使用 PWM 訊號。

　　伺服機（Servo 或 RC Servo）是直流馬達和電位計的結合。伺服機的工作原理為控制器會將輸入的 PWM 訊號轉成相對應的參考電壓（解碼，decoding），不同的參考電壓會對應到伺服機轉軸的不同位置。比較器藉由量測電位計的分壓得知伺服機轉軸目前的位置，在比較兩者的差異（相當於位置的差異）之後，開始轉動直到參考電壓和實際的電位計分壓相同為止。因此，伺服機一旦通電就會鎖死，無法藉由外力轉動，因為它會不斷檢查現在的轉軸位置，並修正馬達到目標位置。

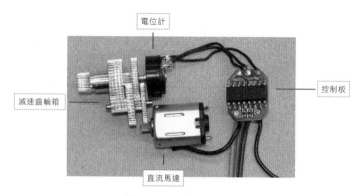

圖 3-1 伺服機內部構造

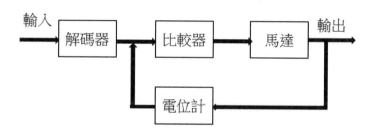

圖 3-2 伺服機運作規則

介紹完伺服機之後，讓我們一起試試有關伺服機的範例。請由 Arduino IDE 的
【檔案（File）】>【範例（Examples）】>【Servo】>【Sweep】。首先要先匯
入名為 Servo 的函式庫，並定義一個名稱為 myservo 的伺服機物件。本範例用
到了 Arduino 內建的 Servo 函式庫，相關的 Servo 指令都放在這個函式庫裡。

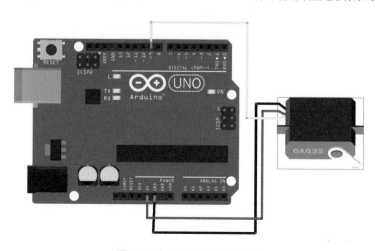

圖 3-3 〈EX3_1〉接線示意圖

<EX3_1> 伺服機來回擺動

```
01    #include <Servo.h>
02    Servo myservo;  // 建立一個名為 myservo 的物件控制伺服機
```

定義一個整數變數 pos，用來儲存伺服機的位置。並在 setup() 函數中設定伺服機的訊號腳接在 9 號腳位。

```
03    int pos = 0; // 儲存伺服機位置的變數
04    void setup( )
05    {
06     myservo.attach(9); // 將 pin9 與 myservo 物件聯繫一起
07    }
```

myservo.write（position） 這個指令也屬於 servo.h 函式庫中，市售大多數伺服機的轉動範圍是從 0-180，這裡使用 for 迴圈讓伺服機的位置從 0 度慢慢加到 180 度，再慢慢減回至 0 度。每次都使用 delay（15），給予 15 毫秒的延遲時間讓馬達確實轉到定位。

```
08    void loop( )
09    {
10     for(pos = 0; pos < 180; pos += 1) // 從 0 度移動到 179 度，每一格為 1 度
11     {
12         myservo.write(pos); // 告訴伺服機移動到『pos』的位置
13         delay(15); // 等待 15ms 讓伺服機移動到指定位置
14      }
15         for(pos = 180; pos>=1; pos-=1) // 從 180 度移動到 1 度，每一格為 1 度
16      {
17         myservo.write(pos); // 告訴伺服機移動到『pos』的位置
18         delay(15); // 等待 15ms 讓伺服機移動到指定位置
19      }
20    }
```

您應該發現這個專題和呼吸燈很像，都是用程式控制輸出（馬達、LED 燈）在一起範圍中有連續性的變化。接著會再示範另一個用類比輸入（可變電阻）來控制類比輸出（伺服機）的範例。同樣地，請由【檔案（File）】>【範例（Examples）】>【Servo】>【Knob】。Knob 這個字的翻譯為把手，可變電阻

就像是把手一樣，當我們旋轉可變電阻的旋鈕時，它會被轉換成伺服機的相對位置。這次 map 指令是把類比輸入的 0~1023 壓縮成 0~179，因為伺服機只能轉 180 度。同樣，可變電組的訊號線插在 A0 腳位，用 analogRead() 指令來讀取。

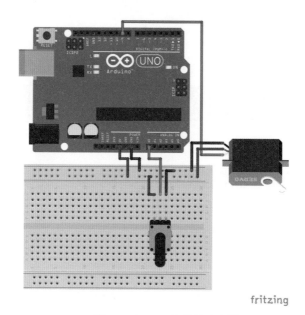

圖 3-4 〈EX3_2〉接線示意圖

<EX3_2> 電位計控制伺服機

```
01    #include <Servo.h>
02
03    Servo myservo; // 建立一個名為 myservo 的物件控制伺服機
04
05    int potpin = 0; // 可變電阻連結在 A0 位置
06    int val; // 儲存讀取類比腳位資訊後的變數
07
08    void setup()
09    {
10       myservo.attach(9); // 設定伺服機訊號腳位接在 9 號腳位
11       }
12
13    void loop()
14       {
15       val = analogRead(potpin);
```

```
16        // 讀取可變電阻數值（數值範圍介於 0 ~ 1023）
17        val = map(val, 0, 1023, 0, 179);
18        // 將範圍縮放至伺服機可以使用的範圍（數值範圍介於 0 ~ 179）
19        myservo.write(val); // 伺服機移動到縮放範圍後的數值
20        delay(15); // 等待 15ms 讓伺服機移動到指定位置
21        }
```

3-3　直流馬達

您需要用到的東西：

名稱	數量
L293	1
TA7279	1
直流馬達	1

　　直流馬達（DC motor）內部是由磁鐵、轉子和碳刷組成，將馬達的正負極和電池相連，就能讓馬達正轉或是反轉。但 Arduino 無法直接控制直流馬達，因此需要使用直流馬達控制晶片（L293N、TA7279P）或其他擴充板。直流馬達的正反轉是由通過電流造成的轉矩所決定的，而在馬達控制晶片中，是透過切換直流電壓的正負極使馬達正反轉。在實際的應用中，通常採用 H 橋驅動電路，主要是因為它的形狀類似英文字母 H。H 橋驅動電路包括 4 個三極體和一個馬達。若是想要讓馬達開始運轉，必需要導通一組位於對角的三極體，再由電流導通的方向進一步控制馬達轉向。如圖 3-4 所示，當 Q1 和 Q4 導通時，電流會從電源正極經 Q1，由左向右流經馬達再由 Q4 流回電源負極，反之若是 Q2 和 Q3 導通時，電流會從電源正極經 Q3，由右向左流經馬達，再由 Q2 流回電源負極。另外提醒您，在通電前，盡量確保同側的三極體不會同時被導通，因為同時導通時，電流不會流經任何負載（這裡的負載是指為直流馬達），這會讓電路線路上的電流達到最大值，很容易燒壞三極體。

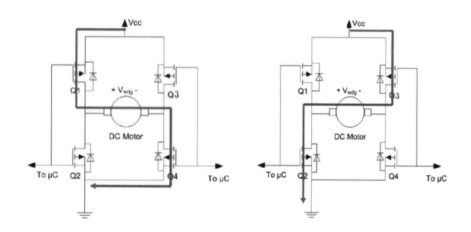

圖 **3-5**　H 橋電路切換馬達正負電流的方向

（原圖是 Datasheets 360 powered by 1EEE GlobalSpec）

▶ 3-3-1 L293 直流馬達驅動晶片

　　L293 直流馬達驅動晶片，在圖 3-6 中，晶片本體上有一個凹槽，當晶片的凹槽朝左的時候，左下角為晶片的 1 號腳位，左上角為 16 號腳位，每個腳位號碼對照的功能如表 3-1。其中 16 號 Vcc1 腳位是負責供給晶片的工作電源，有效電壓範圍是 4.5V ～ 7V。8 號 Vcc2 腳位是負責供給馬達的電源，有效電壓範圍是 4.5V~36V，在有效電壓範圍內，可以讓晶片工作並驅動馬達。另外晶片內有 2 個 H 橋驅動電路，兩個通道可以提供各 1A（L293D 晶片只能提供 600mA）的驅動電流，若晶片過熱，晶片能夠自動斷電以確保系統不會受損。

圖 **3-6**　L293 系列晶片腳位圖

表 3-1 L293D 腳位功能對照

腳位號碼	符號	功能說明	腳位號碼	號碼	功能說明
1	Enable 1	1 致能	9	Enable 2	2 致能
2	Input 1	1 輸入	10	Input 3	3 輸入
3	Output 1	1 輸出	11	Output 3	3 輸出
4	GND	接地	12	GND	接地
5	GND	接地	13	GND	接地
6	Output 2	2 輸出	14	Output 4	4 輸出
7	Input 2	2 輸入	15	Input 4	4 輸入
8	Vcc 2	馬達之驅動供應電壓	16	Vcc 1	驅動晶片之供應電壓

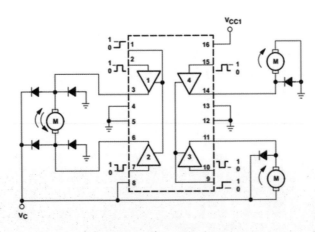

圖 3-7 L293 晶片的 H 橋構造

（原圖是 Data Sheet 360 powered by GlobalSpec）

在本範例中，我們要用馬達控制晶片來驅動直流馬達正反轉，首先，您必須要接好 Arduino 控制馬達驅動的線路。這次我們只會用到一個馬達，請按照圖 3-7 進行接線，在此只會使用晶片上的 8 ～ 16 號腳位，8 號的 Vcc2 腳位與供應馬達的正極電源接線；晶片的 9 號 Enable 腳位，10、15 號的 Input 3、Input 4 腳位則接到 Arduino 的數位腳位 7、6、5；晶片的 11、14 號 Output 腳位分別接到馬達的兩條電線；特別要注意晶片的 12、13 號 GND 腳位一定要接地，16 號 Vcc1 腳位要接到 Arduino 的 5V 腳位。

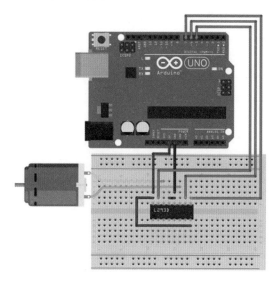

圖 3-8 〈EX3_3〉電路接線圖

　　接著我們來看看不同的 Arduino 輸出訊號是如何控制馬達的。如表 3-2， 當 Input 3、Input 4 讀取到高電位時，Output 3、Output4 會造成低阻抗（Low impedance）。由於馬達的電源來自於 Output 3、Output 4；當兩個都為高電位時，會造成馬達煞車；當一個為高電位，另一個為低電位時，馬達狀態為順時針轉動或是逆時針轉動。而當兩個 Input 都為低電位時，馬達不通電，因此會依原本運動狀態逐漸停止（緩停）。另外 Enable 2 腳位是用來控制是否正常啟動 Input 3、Input 4、Output 3、Output 4 功能。

表 3-2 L293 輸入腳位訊號與輸出腳位電位關係表

Enable	Input3	Input4	Output 3	Output 4	Mode
1	1	0	L	H	CCW/CW
1	0	1	H	L	CW/CCW
1	1	1	Low impedance		Brake
1	0	0	H	H	Stop
0	1	0	L	H	Stop
0	0	1	H	L	Stop

接著要透過程式碼來控制一顆直流馬達。Arduino、晶片與直流馬達接線對照如同圖 3-7，圖中 L293D 的晶片凹槽朝左，使用晶片的 8-16 腳位控制馬達 A，Arduino 的數位腳位 5、6 控制馬達正反轉。當程式開始執行後，每一秒都會讓 Input3 和 Input4 輪流是 HIGH 和 LOW 訊號，也就是交替切換 H 橋電流導通的線路使馬達每一秒都改變一次轉向。當 Enable2 的腳位為 HIGH 訊號時，啟動 H 橋使馬達開始轉動；Enable2 的腳位為 LOW 訊號時，關閉 H 橋使馬達停止轉動，這樣會讓馬達不斷正轉一秒、反轉一秒、停止一秒。L293 晶片與 Arduino 的腳位關係請參考表 3-3。

表 3-3 Arduino、L293、直流馬達腳位對應

	L293 腳位	Arduino 腳位
晶片 Enable-2	9	7
馬達 A Input-3	10	6
馬達 A Input-4	15	5

\<EX3_3\> 使用 L293D 控制直流馬達

```
01    int input3 = 5;
02    int input4 = 6;
03    int enable2 = 7;
04
05    void setup() {
06      pinMode(input3, OUTPUT);
07      pinMode(input4, OUTPUT);
08      pinMode(enable2, OUTPUT);
09    }
10
11    void loop() {
12      digitalWrite(enable2, HIGH);
13      digitalWrite(input3, HIGH);
14      digitalWrite(input4, LOW);
15      delay(1000);
16      // 馬達正轉
17      digitalWrite(input3, LOW);
18      digitalWrite(input4, HIGH);
19      delay(1000);
20      // 馬達反轉
```

```
21      digitalWrite(enable2, LOW);
22      delay(1000);
23      // 馬達停止
24    }
```

▶ 3-3-2 TA7279 直流馬達驅動晶片

您也可以使用 TA7279P 晶片來控制直流馬達，14 號腳位 Vcc 是晶片的電源來源，允許的工作電壓為 6-18V。5 號、10 號腳位 Vs 是驅動馬達的電源，允許的工作電壓（Vs）為 0-16V，另外晶片內有雙 H 橋驅動電路，兩個通道可以提供各 1A 的驅動電流。若晶片過熱，晶片能夠自動斷電，確保系統不會受損。

圖 3-9 TA7279P 晶片外觀

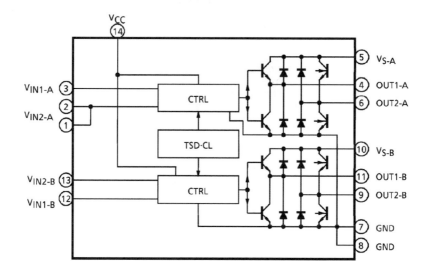

圖 3-10 TA7279 內部電路圖

（原圖是 Toshiba Bipolar Linear Integrated Circuit Silicon Monolithic TA7279P）

表 **3-4**　TA7279 腳位功能對照表

腳位號碼	符號	功能說明	腳位號碼	符號	功能說明
1	Vin2-A	A 輸入	8	GND	接地
2	Vin2-A	A 輸入	9	OUT1-B	B 輸出
3	Vin1-A	A 輸入	10	Vs-B	B 馬達之驅動供應電壓
4	OUT1-A	A 輸出	11	OUT2-B	B 輸出
5	Vs-A	A 馬達之驅動供應電壓	12	Vin1-B	B 輸入
6	OUT2-A	A 輸出	13	Vin2-B	B 輸入
7	GND	接地	14	Vcc	馬達驅動 IC 之工作電壓

　　本範例要改用 TA7279P 馬達控制晶片來驅動馬達正反轉。首先請接好 Arduino
與晶片之間的線路，晶片的凹槽朝左的時候，左下角為晶片的 1 號腳位，左上角
為 14 號腳位，如圖 3-10 所示。因為我們只會用到一個馬達，所以 9，11 ～ 13
號腳位不用接，特別要注意 7、8 號 GND 腳位一定要接地，14 號 Vcc 腳位要接
到 Arduino 的 5V 腳位。

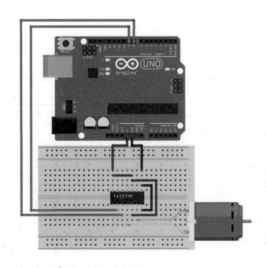

圖 **3-11**　〈EX3_4〉電路接線圖

　　根 據 表 3-5， 當 2、3 號 腳 位 Vin1-A、Vin2-A 都 是 高 電 位 時，OUT1-A、
OUT2-A 會通電，會造成低阻抗。每個馬達都有 Vin1、Vin2 兩個腳位來接收控制
訊號，當兩個腳位都是高電位時，會造成馬達煞車，當一個為高電位，另一個為

低電位時，馬達狀態為順時針轉動或是逆時針轉動。而當兩個 Vin 都為低電位時，馬達不通電，因此會依原本運動狀態逐漸停止（緩停）。

表 3-5 TA7279P 輸入腳位訊號與輸出腳位電位關係表

Vin1-A	Vin2-A	OUT1-A	OUT2-A	Mode
1	1	Low impedance		Brake
0	1	L	H	CW/CCW
1	0	H	L	CCW/CW
0	0	H	H	Stop

接著看程式碼，先在 setup() 函式中定義 A 馬達所連接的輸入腳位為 8 和 9，接著進入 loop() 函式後，每一秒都會讓 input1 和 input2 輪流是 HIGH 和 LOW 訊號，也就是交替控制 H 橋導通的線路，使馬達每一秒都改變一次轉向。IC 與 Arduino 的腳位關係請參考表 3-6。

表 3-6 Arduino、TA7279P、直流馬達腳位對應

	TA7279 腳位	Arduino 腳位
馬達 A 輸入 -1	2	9
馬達 A 輸入 -2	3	8

\<EX3_4\> 使用 TA7279P 控制直流馬達

```
01   int input1 = 8; //Vin1-A
02   int input2 = 9; //Vin2-A
03
04   void setup() {
05     pinMode (input1, OUTPUT);
06     pinMode (input2, OUTPUT);
07   }
08
09   void loop() {
10     digitalWrite(input1, HIGH);
11     digitalWrite(input2, LOW);    // 以上兩個指令會讓馬達開始正轉
12     delay(1000); // 等候一秒
13     digitalWrite(input1, LOW);
14     digitalWrite(input2, HIGH);   // 馬達反轉
15     delay(1000);
16   }
```

3-4　步進馬達

您需要用到的東西：

名稱	數量
ULN2003	1
步進馬達	1

　　步進馬達（Stepper motor）是直流無刷馬達的一種，因能以固定的角度「逐步」轉動而稱之。步進馬達多用於準確控制馬達轉動位置的時候，像是 3D 印表機我們可以透過 Arduino 下指令來控制步進馬達的運轉速度與步數。圖 3-11 是 Arduino 馬達驅動晶片 ULN2003 與步進馬達的接線圖，表 3-7 是 Arduino、ULN2003、步進馬達的腳位對應關係。

表 3-7 ULN2003 與 Arduino 腳位配線圖

腳位號碼	符號	Arduino	腳位號碼	符號	步進馬達
1	IN1	8	9	COM	5V+ Step motor_(COM)(Red)
2	IN2	9	10	OUT7	不用接
3	IN3	10	11	OUT6	不用接
4	IN4	11	12	OUT5	不用接
5	IN5	不用接	13	OUT4	Step motor_(COIL1)(Orange)
6	IN6	不用接	14	OUT3	Step motor_(COIL2)(Yellow)
7	IN7	不用接	15	OUT2	Step motor_(COIL3)(Pink)
8	GND	GND	16	OUT1	Step motor_(COIL4)(Blue)

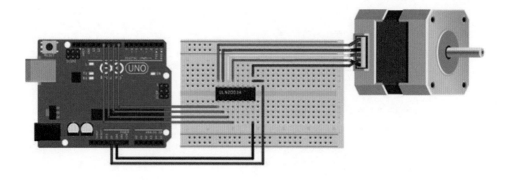

圖 3-12　Arduino、 ULN2003、步進馬達的接線圖

　　範例 <EX3_5> 可以控制步進馬達正轉一圈後反轉一圈， 我們使用 Arduino 內健的 Stepper 函式庫，其中的 Stepper(int steps, pin1, pin2, pin3, pin4) 指令是用來建立一個步進馬達的物件。其中 steps 是指轉一圈所需的步數。Stepper myStepper(100, 8, 9, 10, 11); 表示把一圈分成 100 步等於 3.6 度。 8、9、10、11 則代表和 Arduino 連接的腳位編號。steps 會依照步進馬達的規格不同而有所改變， 我們在此使用的是 28BYJ-48 走一圈為 2048 步， 在 <EX3_5> 中， 我們使用 #define 語法定義了一個名為 STEPS 的巨集，值為 2048。

<EX3_5> 步進馬達

```
01      #include <Stepper.h>
02      #define STEPS 2048
03      Stepper stepper(STEPS,8,9,10,11);
```

Stepper.setSpeed(long rpms) 設定步進馬達每分鐘轉動的圈數 （RPMs），rpms 必須是正數。這個指令並不會讓馬達轉動，只是設定轉速而已。當呼叫 step() 指令時才會讓馬達開始轉動。

```
04      void setup() {
05          stepper.setSpeed(5);
06      }
```

Stepper.step(int steps) 會讓馬達轉動由 steps 所指定的步數。steps 如果為正數代表某個方向，負數表示反方向。在此 steps 為 2048 代表正轉一圈， -2048 代表反轉一圈。

```
07      void loop() {
08          stepper.step(2048);
09          delay(100);
10          stepper.step(-2048);
11          delay(100);
12      }
```

3-5　結語

　　在本章中，我們學到了如何使用 Arduino 控制三種類型的馬達。有小型機械手臂或遙控飛機用的伺服馬達、四驅車的直流馬達、以及 3D 列印機中的步進馬達。其中電動車與機械手臂將在後面的章節有更深的探討。

3-6　延伸挑戰

挑戰一

題目：利用搖桿控制伺服機

您需要用到的東西：

名稱	數量
伺服機	1
XY 軸搖桿模組（如圖 3-13）	1

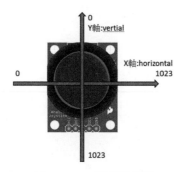

圖 3-13　XY 軸搖桿模組

　　XY 軸搖桿模組就是電視遊樂器手把上的類比搖桿，搖桿可以 360 度旋轉，搖桿上有五個腳位，分別是 VCC、GND、SEL、Hor、Ver，因為是雙軸搖桿，因此有水平（hor）軸 X 和垂直（ver）軸 Y。XY 軸搖桿模組實際上是兩個可變電阻與接鈕的組合，當我們使用 Arduino 的 analogRead 指令來讀取搖桿的 Hor 腳位時，它的 X 軸數值由左到右是 0~1023，讀取搖桿的 Ver 腳位時，它的 Y 軸數值由上到下是 0~1023。接著只要把範例 <EX3_2> 修改一下，便能使用一個 XY 搖桿控制控制兩個伺服馬達，試試看吧。

挑戰二

題目：調整直流馬達轉速

您需要用到的東西：

名稱	數量
直流馬達	1
馬達控制晶片（L293 或 TA7279）	1

請修改 <EX3_3>，讓我們能控制直流馬達轉速快慢。給一個小提示吧！要使用 Arduino 的類比輸出（PWM）的功能，因此會用到 analogWrite( ) 指令以 0 ～ 255 的範圍來控制直流馬達轉速。

挑戰三

題目：準確控制步進馬轉的角度與速度

您需要用到的東西：

名稱	數量
步進馬達	1
ULN2003	1

請更改 <EX3_5>，讓步進馬達能剛好在 5 秒鐘時轉完 90 度，停頓 1 秒之後再轉 90 度，轉滿一圈之後反轉一圈到原來的起點。

小提示：使用Stepper.step()搭配Stepper.setSpeed()指令就可以完成囉。

聲音之夜

4

　　本章要介紹 Arduino 播音功能，透過樂器數位介面 MIDI 來產生各種音頻音效，最後還可以搭配 LCD 螢幕模組來顯示播放器的狀況。

4-1　準備材料

名稱	數量
8 歐姆 5 瓦 揚聲器	1
500 歐姆 可變電阻	1
LCD	1
SD 卡模組	1
超音波模組	1

4-2　聲音

▶ 4-2-1　MIDI

　　聲音是一種波動，聲音必須透過介質傳遞，藉由空氣振動引起空氣分子產生疏密變化，屬於一種縱波。而人耳可以聽到的頻率從 20Hz-20000Hz，低於 20Hz 通常稱為聲下波，高於 20000Hz 稱為超聲波 (超音波)。

　　聲音有三個組成要素，分別是響度、音調、音品。聲音的強弱稱為響度，通常用分貝 (dB) 表示響度的大小，而對應到聲波波形上，響度愈大，振幅愈大。噪音通常是指超過七十分貝以上的聲音，長期處在噪音的環境會對耳朵造成傷害。聲音的高低稱為音調，使用頻率 (Hz) 表示音調的高低，頻率愈高音調愈高，鋼琴上的不同按鍵可以對應到不同頻率。發音體上的材質也可以影響到頻率大小，假如您手邊有不同粗細的橡皮筋，可以做個小實驗看看。材質輕、薄、短、緊則振動快，頻率大且音調高；反之，重、厚、長、鬆則振動慢、頻率小且音調低。或者是撥撥看吉他上的弦也能夠觀察到這件事。最後一項特色：音品。聲音的獨特性稱為音品，又稱音色。不同樂器的音品可以由波形觀察而得，通常不會是單純的正弦波，都是多個不同頻率的波所組成的複合波。

　　Arduino 中使用 tone() 這個指令產生方波信號，透過改變方波的頻率來產生不同頻率的聲音。tone(pin, frequency, duration) 指令中有三個輸入值，pin 是指定聲音輸出的數位腳位，連接至揚聲器。frequency 是設定輸出聲音的頻率，單位為赫茲 (Hz)，而 duration 是設定聲音持續撥放時間，單位為毫秒 (ms)。若沒有指定時間，必須額外使用 noTone() 這個指令把聲音關掉。

在開始第一支程式之前，先讓我們更深入的了解一下頻率。做聲音的專題不外乎就是想要用 Arduino 寫出一些耳熟能詳的歌，例如小蜜蜂，或是妹妹背著洋娃娃等。但要如何用 Arduino 播放出音階 C、D、E、F、G、A、B 呢？其實每一個音都有對應的頻率，如表 4-1。

表 4-1 鋼琴音調與頻率對照表

頻率，單位為赫茲							
音符 \ 八度	1	2	3	4	5	6	7	8
C ： Do	16.352	32.703	65.406	130.81	261.63	523.25	1046.5	2093.0
D ： Re	18.354	36.708	73.416	146.83	293.66	587.33	1174.7	2349.3
E ： Mi	20.602	41.203	82.407	164.81	329.63	659.26	1318.5	2637.0
F ： Fa	21.827	43.654	87.307	174.61	349.23	698.46	1396.9	2793.8
G ： So	24.500	48.999	97.999	196.00	392.00	783.99	1568.0	3136.0
A ： La	27.500	55.000	110.00	220.00	**440.00**	880.00	1760.0	3520.0
B ： Si	30.868	61.735	123.47	246.94	493.88	987.77	1975.5	3951.1

表 4-1 的每一行代表不同音高，也就是從相鄰兩行跨越一個八度，而每一列表示一種音階。舉例來說，表中唯一粗體字 440Hz 表示中音 La，由於這個頻率是個相當漂亮的整數值，所以接下來的實驗會先以這個音做測試。

接下來介紹揚聲器的原理。簡單來說，揚聲器是把電流交換的頻率轉換成聲音，舉例來說，若給揚聲器一個 440Hz 頻率的電流，表示每秒改變方向 440 次，因此揚聲器可以輸出 440Hz 的交流電，由右手安培定律可知，電流反向會造成其所生成的磁場反向，透過揚聲器薄膜的振動，推動周圍空氣振動，因此產生此頻率所對應的聲音。

以上簡短介紹了後續會用到的聲音原理，現在就讓我們一起來聽聽看 Arduino 所產生的聲音吧！

[EX4_1]

```
01   void setup() {
02   }
03   void loop() {
```

```
04      tone(6, 440, 200);
05      delay(200);
06      noTone(6);
07    }
```

　　程式部分大多在前面已經介紹過了，主要就是 tone 和 noTone 兩個函式，您不妨試著由程式來判斷電路圖該怎麼接。由於 tone 和 noTone 函式中寫的 pin 腳都是 6 號腳，因此揚聲器的正極必須要接到 6 號位置上，負極接到 GND。然而，揚聲器並沒有分正負極，因為電流是交流電，因此電流方向每秒鐘都會改變非常多次。

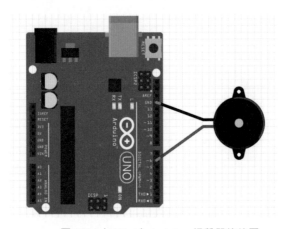

圖 4-1　〈EX4_1〉Arduino 揚聲器接線圖

　　確認電路沒問題之後，就可以上傳程式了。燒進去，理論上此時揚聲器應該會發出 La 的音調，並持續發出 0.2 秒，再暫停 200 毫秒 (delay(200))，接著由 noTone 函式把聲音關掉。在 tone(6, 440, 200) 函式裡，440 表示頻率，因此如果想要發出高八度的 La，就把 440 改成 880，又如果是低八度的 La，就可以把 440 改成 220。不過如果是 So 或者是 Mi，事情好像就沒有那麼容易了，因為這時候就要靠查表來得到相對應的頻率，不能快速地完成腦海裡的歌曲。此時可以在程式所在的資料夾中，加入另一個檔案，並將其檔案儲存成 pitches.h。

[pitches.h]

```
01    /**********************************************
02     * Public Constants
03     **********************************************/
04    #define NOTE_B0   31
```

```
05    #define NOTE_C1   33
06    #define NOTE_CS1  35
07    #define NOTE_D1   37
08    #define NOTE_DS1  39
09    #define NOTE_E1   41
10    #define NOTE_F1   44
11    #define NOTE_FS1  46
12    #define NOTE_G1   49
13    #define NOTE_GS1  52
14    #define NOTE_A1   55
15    #define NOTE_AS1  58
16    #define NOTE_B1   62
17    #define NOTE_C2   65
18    #define NOTE_CS2  69
19    #define NOTE_D2   73
20    #define NOTE_DS2  78
21    #define NOTE_E2   82
22    #define NOTE_F2   87
23    #define NOTE_FS2  93
24    #define NOTE_G2   98
25    #define NOTE_GS2  104
26    #define NOTE_A2   110
27    #define NOTE_AS2  117
28    #define NOTE_B2   123
29    #define NOTE_C3   131
30    #define NOTE_CS3  139
31    #define NOTE_D3   147
32    #define NOTE_DS3  156
33    #define NOTE_E3   165
34    #define NOTE_F3   175
35    #define NOTE_FS3  185
36    #define NOTE_G3   196
37    #define NOTE_GS3  208
38    #define NOTE_A3   220
39    #define NOTE_AS3  233
40    #define NOTE_B3   247
41    #define NOTE_C4   262
42    // 中央 C
43    #define NOTE_CS4  277
```

```
44    #define NOTE_D4   294
45    #define NOTE_DS4  311
46    #define NOTE_E4   330
47    #define NOTE_F4   349
48    #define NOTE_FS4  370
49    #define NOTE_G4   392
50    #define NOTE_GS4  415
51    #define NOTE_A4   440
52    #define NOTE_AS4  466
53    #define NOTE_B4   494
54    #define NOTE_C5   523
```

　　在這支程式中，定義了所有頻率所對應的音高和音階。舉例來說，剛才所設定的中音 La，對應的頻率是 440Hz，但如果您不記得這個頻率該怎麼辦呢？在 pitches.h 這個函式庫中都已經定義了所有常用到音階之頻率，所以只要輸入 NOTE_A4，程式就會自動抓到 440Hz。A4 的 A 表示音階，4 表示音高。

▶ 4-2-2　利用可變電阻控制發聲頻率

　　這是一個有趣的小實驗，您可以用此實驗聽到不同頻率的聲音，因為是利用可變電阻輸入，因此不需要一直改寫程式換頻率，利用 Serial monitor 就能檢視所聽到聲音的對應頻率。

　　Arduino 的類比輸入範圍為 0-1023，但人耳可以聽到的範圍其實是很廣的，在這裡先設定等一下希望可以聽到 100-4000Hz 頻率範圍的聲音。所以這支程式最重要的部分就是將 0-1023 等比例對應到 100-4000。也就是我們已經提過很多次的 map 指令。

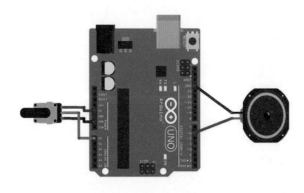

圖 4-2 ＜ EX4_2 ＞電路示意圖

[EX4_2] 可變電阻控制音調 I

```
01   void setup(){
02      Serial.begin(9600);
03    }
04
05   void loop() {
06     int sensor = analogRead(A0);
07     int x = map(analogRead(A0), 0, 1023, 100, 4000);
08     tone(6, x , 200);
09     Serial.println(x);
10   }
```

　　程式中，定義一個整數變數 sensor 來存放 A0 腳位讀取結果，接著用 map 函式將其範圍改為 100-4000，並儲存在整數變數 x 裡面，最後用 tone() 函式將聲音播出來。

　　在 setup() 裡面，預先設定 Serial 鮑率是 9600bps，接著在 loop 裡使用 Serial.println 指令把此時 x 的值同步顯示於 Serial Monitor。

　　接續上一個範例，當 sensor 值在某範圍內，會對應到特定頻率。這裡舉的例子是當 sensor 值在 0-500 之間，輸出 220Hz 的頻率。500-800 之間輸出440Hz，800 以上則是輸出 880Hz。

　　電路圖和 < EX4_2 > 相同，可變電阻當作輸入端，揚聲器當作輸出端。

[EX4_3] 可變電阻控制音調 II

```
01   void setup(){
02     Serial.begin(9600);
03   }
04
05   void loop() {
06     int sensor = analogRead(A0);
07     if(sensor >= 0 && sensor <= 500)
08     {
09   tone(6, 220, 200);
10       delay(200);
```

```
11        noTone(6);
12        Serial.println(sensor);
13      }
14      else if (sensor > 500 && sensor <= 800){
15        tone(6, 440, 200);
16        delay(200);
17        noTone(6);
18        Serial.println(sensor);
19      }
20      else{
21        tone(6, 880, 200);
22        delay(200);
23        noTone(6);
24        Serial.println(sensor);
25      }
26    }
```

讓我們再繼續延伸一下吧！

在第二專題裡，在讀取到不同類比輸入值時，會被分類到不同的判斷式迴圈進而產生不同聲音。因此每個迴圈裡寫的東西其實是很類似的。若我們想要精簡這段程式，應該要怎麼做呢？

答案應該已經在腦海裡了吧！沒錯，就是使用副程式。

以下三行是每個迴圈都重複出現的部分

```
01    tone(6, freq, 200);
02    delay(200);
03    noTone(6);
```

現在我們可以定義一個副程式，把這三行包起來。

特別提醒，這裡的副程式是有參數的，這個 freq 參數會變成 Tone 指令裡的 freq，藉此可由外部呼叫來改變發音頻率，因此副程式會看起來像是以下：

```
01    void play(int freq) {
02      tone(6, freq, 200);
03      delay(200);
04      noTone(6);
05    }
```

　　play 是副程式的名字，因此若想要呼叫副程式就只要寫 play() 並搭配參數即可。

　　舉例來說，若想要發出 440Hz 的聲音，除了像之前依樣寫三行，也可以直接寫 play(440)，程式因此可以精簡成 [Ex4-4]。

[EX4_4] 可變電阻控制音調 III

```
01    void setup(){
02      Serial.begin(9600);
03    }
04
05    void loop() {
06      int sensor = analogRead(A0);
07      if(sensor > 500 && sensor <= 800)
08      {
09        play(440);
10        Serial.println(sensor);
11      }
12      else if (sensor >= 0 && sensor <= 500){
13        play(220);
14        Serial.println(sensor);
15      }
16      else{
17        play(880);
18        Serial.println(sensor);
19      }
20    }
21
22    void play(int freq) {
23      tone(6, freq, 200);
24      delay(200);
25      noTone(6);
26    }
```

　　程式碼中的粗體字的部分，就是由 [EX4-3] 更改而來。這次我們改用旋鈕控制 Arduino 播放不同的音符，這個東西蠻有趣的，那我們有沒有辦法帶著這項作品到處秀給大家看呢？這樣要帶著電腦到處走有點礙事。下一節我們不再電腦上使

用 Serial monitor 觀看 Arduino 現在發出的聲音頻率,而是把 Arduino 加裝一個
LCD 螢幕,用 LCD 螢幕將 Arduino 現在的狀況顯示出來。

4-3 LCD

您需要用到的東西:

名稱	數量
LCD	1

　　本節使用 LCD 螢幕模組來顯示 Arduino 想讓我們知道的資訊,例如類比腳位
現在讀取的資料、現在音符播放的頻率、音符屬於哪一個音階顯示在 LCD 螢幕
上,甚至在前幾章的範例,我們使用 Arduino 的 PWM 腳位輸出的能量多寡 (0-
255)、馬達轉動的角度,甚至各種感測器當下接收到的參數等等都馬上顯示出
來。首先讓我們先將 LCD 螢幕的接線完成,接線圖請參考圖 4-4 與表 4-2。

圖 4-3　LCD

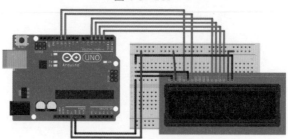

圖 4-4　Arduino 與 LCD 螢幕線路圖

表 4-2　Arduino 與 LCD 線路對應表

IC	Arduino	IC	Arduino	IC	Arduino	IC	Arduino
VSS	GND	RW	GND	D2	不用接	D6	3
VDD	5V	E	11 -	D3	不用接	D7	2

| VO | 不用接 | D0 | 不用接 | D4 | 5 | A | 5V |
| RS | 12 | D1 | 不用接 | D5 | 4 | K | GND |

　　將 Arduino 的線接好之後，首先我們來了解一下 LCD 螢幕每一個腳位所負責的功用，如表 4-3：

表 4-3 LCD 螢幕腳位功能對照表

接腳	符號	說明
1	GND	接地腳
2	VDD	5V 電源
3	VO	明暗控制
4	RS	RS=0，指令暫存器 RS=1，資料暫存器
5	RW	RW=0，資料寫入 LCD RW=1，讀取 LCD 資料
6	Enable	致能
7-10	DB0-DB3	資料匯流排
11-14	DB4-DB7	資料匯流排

1 VDD 腳位負責供應整個 LCD 螢幕的電源。VO 腳位則是透過讀取的電壓大小決定 LCD 螢幕的亮度，當 VO 腳位讀取電壓數值為 0V 時，亮度是設定為最暗的，如果想要將亮度調高，可以將 VO 腳位接到 Arduino 的 3.3V 腳位，VO 腳位可接受的最高電壓為 5V，那是螢幕最大的亮度，如果想要不依靠程式隨時隨地用手控制螢幕的亮度，那我們參考第二章第三節的接線，將 VO 腳位當成 Arduino 的 A0 腳位，使用可變電阻自行輸出 0V 到 5V 的電壓給 VO 腳位。

2 RS 腳位負責做切換，當 RS 腳位接收到 HIGH(高電位) 時，LCD 螢幕進入讀取指令的模式，等待 Arduino 下命令給螢幕；當 RS 腳位為 LOW(低電位) 時，LCD 螢幕進入儲存螢幕資料的模式，讓 LCD 儲存等一下要讓螢幕顯示的資料。

3 RW 腳位則是決定要將儲存的螢幕資料顯示在 LCD 螢幕上，還是將顯示在 LCD 螢幕上的資料儲存起來。一般都是把想要顯示出來的資料從 Arduino 傳送給螢幕，很少讀取螢幕資料回傳給 Arduino，所以 RW 腳位接地，讓腳位維持在 LOW(低電位) 就可以了。

4 最後 DB0 到 DB7 的腳位則是傳送資料用的資料匯流排，負責接收從 Arduino
想顯示的文字相關資料，這次使用的匯流排是 DB4-DB7，我們使用 4 個腳位
來傳送資料。

　這次要將上一節的範例 [EX4_4] 改一下，把 Arduino 讀取到的可變電阻數值
以及發聲頻率顯示在 LCD 螢幕上。要使用 LCD 模組時，首先需要匯入函式庫
LiduidCrystal.h，這也是 Arduino 開發環境內建的函式庫，LiquidCrystal 在中文
指的是液晶的意思，透過指令 LiquidCrystal lcd(RS, Enable, D4, D5, D6,D7)。指令
告訴 Arduino，這些 LCD 螢幕的腳位接在 Arduino 哪些腳位上，例如這行指令，
LiquidCrystal lcd(12, 11, 5, 4, 3, 2)，12 代表 Arduino 的 D12 腳位接在螢幕的 RS
腳位上。接著指令 lcd.begin(16, 2) 則是告訴 Arduino，這塊的 LCD 螢幕每個橫行
可以顯示 16 個字，2 個橫列。一般在電子材料這個稱為 16X2 液晶螢幕，市面上
也可以找到 20x2 甚至更特別的 LCD 螢幕。

[EX4_5]

```
01    #include <LiquidCrystal.h>
02
03    // 初始化及定義與 LCD 相接的腳位
04    LiquidCrystal lcd(12, 11, 5, 4, 3, 2);
05    int sensor;
06
07    void setup() {
08      // 設定 LCD 有幾行幾列 :
09      lcd.begin(16, 2);
10    }
```

副函式 lcd_display 與範例 [EX4_4] 相同，輸入數值就可以產生對應頻率的聲音。

```
16    void lcd_display(int sensor,int tonevalue) {
17      lcd.home();
18      lcd.print("Sensor: ");
19      lcd.print(sensor);
20      lcd.setCursor(0,1);
21      lcd.print("tone: ");
22      lcd.print(tonevalue);
```

```
23    }
```

loop() 函式內容則與與 [EX4_4] 大致相同，唯一不同的地方在於 [EX4_4] 使用 Serial.println(sensor) 指令將讀取的數值顯示於電腦的 Serial Monitor。現在則改用副程式 lcd_display(sensor, tonevalue) 將 sensor、tonevalue 的資料顯示於 LCD 螢幕上。

```
24    void loop() {
25      sensor = analogRead(A0);
26      if(sensor > 500 && sensor <= 800)
27      {
28    lcd_display(sensor,440);
29        play(440);
30
31      }
32      else if (sensor >= 0 && sensor <= 500){
33    lcd_display(sensor,220);
34        play(220);
35      }
36      else{
37    lcd_display(sensor,880);
38        play(880);
39      }
40    }
```

4-4 Arduino 播放 SD 卡音效檔

您需要用到的東西：

名稱	數量
SD 卡模組	1
8 歐姆 5 瓦 揚聲器	1

呼，這樣一個音一個音去弄也太辛苦了…有沒有辦法讓 Arduino 變成一台音樂播放器，直接播放 SD 記憶卡或其他儲存裝置中的聲音檔呢？本範例要讀取 SD

記憶卡中的音樂檔，因此需要用到 SD 卡模組或是 SD 卡擴充板，前者需要接線，後者則直接疊在 Arduino 開發板上即可。本章使用 SD 卡模組。

▶ 4-4-1 SPI 介面

序列周邊介面匯流排（Serial Peripheral Interface Bus，SPI），類似 I²C，是一種常用於單晶片系統的短距離同步序列通訊介面。在 SPI 架構中又可分為主機（master）與從機（slave），主機可同時與一個或多個從機進行通訊，常見的應用如 LCD 液晶顯示器模組與本段要用到的 SD 卡模組等。

一般來說，SPI 會用 4 條線，這與 I²C 的 2 線不同：

◎ SCLK（Serial Clock）：序列時脈，由主機發出

◎ MOSI（Master Output Slave Input）：主機輸出，從機輸入。

◎ MISO（Master Input Slave Output）：主機輸入，從機輸出。

◎ SS（Slave Selected）：從機選定訊號

▶ 4-4-2 Arduino 播放 SD 記憶卡中的音樂

圖 4-5　Arduino 的 SD 卡模組

請根據以下步驟操作

1. 由以下連結或本書網站下載 SimpleSDAudio 函式庫（http://hackerspace-ffm.de/wiki/index.php?title=SimpleSDAudio），下載後解壓縮到您的 Arduino IDE 的 /libraries 資料夾中。

2. 將您的 SD 記憶卡透過讀卡機接上電腦，將 /libraries/SimpleSDAudio/examples/EXAMPLE.AFM 音效檔放到這張 SD 記憶卡的根目錄中。注意，如果您要格式化記憶卡的話，請勿使用快速格式化選項。

3. 將 SD 卡模組根據表 4-4 接上 Arduino 開發板，如果您是使用如圖 4-4b 的 SD 卡擴充板的話，則直接疊上 Arduino 即可，不用再接額外的線路。

表 **4-4** SD 卡模組與 Arduino 腳位對應

SD 卡模組腳位	Arduino 腳位
CS	10
MOSI	11
MISO	12
SCK	13
VCC	3.3V
GND	GND

4. 將先前範例中的喇叭的紅線接到 Arduino Uno 的 D9 腳位，另一黑線則接地。完成如下圖：

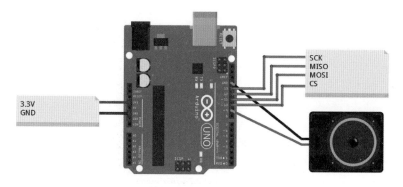

圖 **4-6** <EX4_6> 接線示意圖

5. 切換到 \SimpleSDAudio\tools\Arduino with 16 MHz\ 資料夾下，將您要播放的 .wav 聲音檔使用本資料夾下的 FullRate@16MHz_Mono.bat 轉成 .afm 檔。轉檔後的檔案會放在 \SimpleSDAudio\tools\Arduino with 16 MHz\ converted 資料夾下。

6. 將這個 .afm 檔，或由本書網站（http://www.cavedu.com/books）下載我們幫您準備好的 MIKU.afm 檔也可以。

<EX4_6> 播放 SD 卡音效檔

```
01    #include <SimpleSDAudio.h>   // 匯入函式庫
02
```

```
03    void setup()
04    {
05      Serial.begin(9600);
06      //SdPlay.setSDCSPin(10);
07      // 如果您的 SD 卡模組的 CS 腳位不是 pin 4 的話，請取消上列註解
08       SdPlay.init(SSDA_MODE_FULLRATE | SSDA_MODE_STEREO | SSDA_MODE_
   AUTOWORKER);
09      if (!SdPlay.setFile("MIKU.AFM"))  // 指定音效檔檔名
10      {
11        Serial.println(F(" not found on card! Error code: "));
12        Serial.println(SdPlay.getLastError());
13        while (1);
14      }
15    }
16
17    void loop() {
18      Serial.println(F("found."));
19      SdPlay.worker();
20      SdPlay.play();    // 播放音效檔
21      while (1);
22    }
```

　　執行時稍等一下就可以聽到音樂播出來了。如果無法順利播放的話，請檢查聲音檔是否有放在 SD 卡根目錄，SD 卡模組是否正確接線等。

　　參考資料：http://hackerspace-ffm.de/wiki/index.php?title=SimpleSDAudio

4-5　超音波感測器

您需要用到的東西：

名稱	數量
超音波模組	1

　　頻率高於 20KHz 的聲音稱為超聲波（超音波），超聲波廣泛應用於診斷人體的器官與組織病變、清洗物品與測量距離。接下來要介紹的模組是 HC-SR04，該模

組由發射器、接收器與震盪器組成，振盪器會產生 40KHZ 的頻率，透過發射器發出超音波，超音波遇到障礙物會產生反彈，當接收器接收到反彈的超音波之後再計算發射與接收之間的時間差，可以計算出超音波模組與障礙物之間的距離。

圖 **4-7** 超音波模組

聲音根據傳遞的物質不同，傳送的速率也不同。在水中的超音波發射器，我們稱為聲納，聲音在水中傳送的速度比在空氣中傳送快 60 倍，這次介紹的超音波模組用於空氣中。空氣中聲音的傳送速度約每秒 344 公尺，如果在我們面前有一個障礙物，模組發出超音波之後 0.001 秒後回來，代表聲音發出碰到障礙物回後的距離是 344 x 0.001 公尺 =34.4 公分，超音波模組與障礙物之間的距離是 34.4除與 2（來回的距離）＝ 17.2 公分。接線請參考圖 4-8：

超音波測距的算式：距離＝聲音的傳播速度 × 傳播時間 / 2

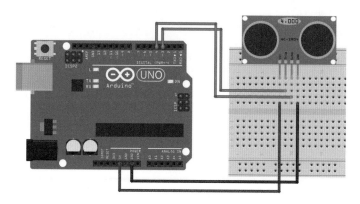

圖 **4-8** 〈EX4_7〉電路示意圖

<EX4_7> 為使用超音波模組測量距離的範例，可在 Serial Monitor 中顯示超音波與障礙物之間的距離，超音波模組的 Trig 腳位接收啟動訊號後，發出超音波

訊號，當接收器收到反彈的超音波訊號時，Echo 給予一個低電位的訊號，將發出超音波與接收到訊號之間的時間差換算為距離即可。按照超音波模組的說明文件，啟動訊號為低電位 2us ＋高電位 10us ＋低電位（12~16 行）。接著使用指令 pulseIn(pin,value);，將腳位指定為 Echo，變數設為 HIGH，該指令會將 Echo 腳位變成高電位，當 Echo 腳位變成低電位時，回傳一個高低電位變換的時間差，聲音傳送一公分的距離時間為 29.4us，加上來回的時間，時間差 /58 ＝距離（公分）。

<EX4_7> 超音波測距

```
01    int trig=3;   //Trig 腳位接到 Arduino 的 D3 腳位
02    int echo =4; //Echo 腳位接到 Arduino 的 D4 腳位
03    int distance;
04
05    void setup() {
06      Serial.begin(9600);
07      pinMode(trig, OUTPUT);
08      pinMode(echo, INPUT);
09    }
10
11    void loop() {
12      digitalWrite(trig, LOW);        // 送出低電位 2us
13      delayMicroseconds(2);
14      digitalWrite(trig, HIGH);       // 送出高電位 10us
15      delayMicroseconds(10);          // 等待 10us 讓模組動作準備好發出超音波
16      digitalWrite(trig, LOW);        // 時間到立刻設定為 LOW
17      distance = pulseIn(echo, HIGH);
18      // 等待超音波回彈，並量取所經過的時間長短
19      distance= distance/58;          // 轉換為 CM
20
21      Serial.print(distance);
22      Serial.println(" cm.");
23      delay(200);
24    }
```

　　執行時，請開啟 Serial Monitor，並用手在超音波模組之前來回擺動，觀看距離的變化。如果數值無變化或沒有任何資訊，請檢查接線。

4-6　結語

　　本章使用了 Arduino 控制喇叭，播放不同音調的聲音，也使用 LCD 螢幕顯示 Arduino 的相關資訊，讓 Arduino 搖身一變，成為小小的電子音樂盒。將來各位可以在自己的作品上，添加聲音與文字顯示的效果，讓作品更加豐富。

4-7　延伸挑戰

挑戰一

題目：播放一首歌

您需要用到的東西：

名稱	數量
8 歐姆 5 瓦 揚聲器	1

　　還記得國小到高中的音樂課嗎？請試著更改 [EX4_3] 程式，新增一個副程式 void music()。在副程式裡面，使用 tone()、notone()、delay() 等指令編寫一首歌，讓 Arduino 在 loop() 迴圈裡呼叫副程式 music()，當呼叫副程式時，便會把我們編寫好的歌播放出來。

挑戰二

題目：把 LCD 當作 Serial Monitor

您需要用到的東西：

名稱	數量
LCD	1

　　我們一路下來練習過好多範例，從第二章使用 Serial Monitor 觀看 Arduino 的狀態，請試著從先前的範例中找一個範例，把您想看到的資訊顯示在 LCD 螢幕中。LCD 與 Serial Monitor 不一樣的是，LCD 一次只能顯示兩個橫列，一個橫列只能顯示 16 個字，如果在同一個橫列顯示不同的資訊，例如：前五秒想顯示可變電阻的參數，下五秒想顯示步進馬達現在走幾步，當你想更換資訊時必須先使

用指令 lcd.clear()，先將現在螢幕顯示的字清乾淨，再使用 lcd.cursor(0,0)，讓
螢幕的游標回到左上角。

無線控制之夜

5

本章呼應前面燈光之夜以及動力之夜，結合手機的藍牙，透過簡易的 App 程式編輯使手機與 Arduino 互相溝通。除了藍牙之外，我們可以使用居家常見的紅外線遙控器控制 Arduino。

5-1 準備材料

名稱	數量
可變電阻 500 歐姆	1 個
藍牙模組（HC05 或 06）	1 個
LED 5mm（顏色不拘）	1 個
紅外線發射器（波長 940nm ）	1 個
紅外線接收器	1 個
紅外線遙控器（電視、冷氣等家電皆可）	1 個

5-2 App Inventor

　　本章將以 MIT 行動學習中心發表的 App Inventor 2（後簡稱 AI2）來撰寫 Android 手機程式。大部份的讀者可能沒有 Java 基礎，但只要使用 App Inventor 就不用擔心了。在操作上，App Inventor 各個指令都藉由圖示與下拉式選單大幅簡化，您只需在 Designer 頁面排版出手機介面，並在 Blocks 頁面拖拉各個指令方塊就能快速地寫好一支 Android 手機程式了！另外，AI2 是一個在雲端網頁上進行程式開發的系統，建議使用 Google Chrome 瀏覽器開啟網頁。輸入網址 http://ai2.App Inventor.mit.edu/ 後，請用您的 Google 的帳號就可以登入，順利登入後，您應該可以看到 App Inventor 的專案清單，如圖 5-1 所示。

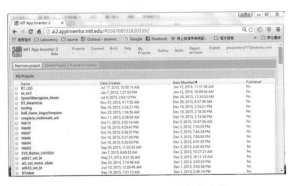

圖 5-1 App Inventor 的專案清單

以下要為您介紹選單：

A. Projects 專案選單：在此新增、匯入、開啟、存檔專案等功能。

B. Connect 連結選單：在此可選擇 ：

> **1** AI Companion：將您編寫的 AI2 程式經由 WiFi 無線同步到您的手機或平板電腦。請到 Google Play 搜尋 "MIT AI2 Companion" 在您的 Android 裝置上安裝這個 App。
>
> **2** Emulator 模擬器，將 App 同步連線到電腦的模擬器上。請由此連結在您的電腦上安裝 AI2 模擬器：http://appinventor.mit.edu/explore/ai2/setup-emulator.html，目前 AI2 模擬器只支援 Windows 與 MAC OS 作業系統。
>
> **3** 將程式經由 USB 傳輸線 同步到手機上 （需安裝您手機專屬的 Android driver 或 sync 程式）。

請注意，以上三種方法都是使用同步連線，並非真的安裝程式，優點是程式有做什麼變動， App 會馬上同步更新。如果需要將程式安裝到實體手機中，請使用 Build 選單。

C. Build 打包選單：

> **1** provide QR code：在畫面上出現一個 QR code，使用手機掃描之後即可下載 .apk 安裝檔，讓手機執行 .apk 檔進行 APP 安裝。
>
> **2** save to my computer：將 .apk 安裝檔下載到電腦，我們可以選擇用傳輸線傳給手機，或者將 .apk 檔拖曳到電腦的手機模擬器如：Genymotion、Bluestacks 進行安裝。

D. Help 輔助選單：您可以在此找到相關資源

再次提醒，.apk 檔案是 Android 系統的安裝檔，.aia 檔案是 App Inventor 專案的原始檔，千萬不要搞混了喔。另外，手機想要執行 .apk 檔，需要事先在手機的設定中完成「未知的來源」（打勾）、「USB 除錯中」、「允許模擬位置」等設定，如圖 5-2。

圖 5-2　手機安裝 .apk 檔前的設定

以下為您介紹 AI2 開發頁面，有 Designer 與 Blocks 等兩個畫面，如圖 5-3、圖 5-4：

圖 5-3　AppInventor Designer 畫面

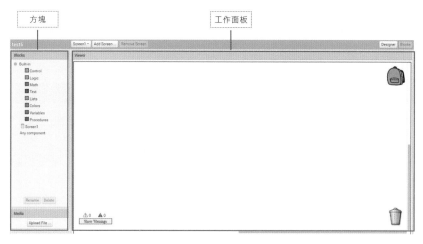

圖 5-4 App InventorBlocks 頁面

A.Designer 外觀編排頁面：直觀的手機介面功能設計。

1️⃣ 元件選單 Palette：選單下有很多子選項，您可以需求加入各種功能元件。

2️⃣ 工作面板 Viewer：這裡是使用者所看到的畫面，我們需要把需要的元件從 Palette 拉到這個區塊才能使用。

3️⃣ 元件清單 Components：這個區塊會將我們選擇的元件列出來，也可以在這裡對元件更改名字、刪除。

4️⃣ 元件屬性 Properties：將選擇的元件做細部的修改，例如文字、元件大小、顏色、字體等。

B.Blocks 程式設計頁面：圖形化介面的程式開發環境。

1️⃣ 方塊 Blocks：這個區塊列出我們已選擇的元件，點選某個元件就可以開啟該元件所有的指令。

2️⃣ 工作面板 Viewer：撰寫程式的地方，App Inventor 撰寫程式的方法與 Scratch 很類似，都是以拖拉放的方式來組合各個指令。

　　本書礙於篇幅關係，只能介紹如何使用 App Inventor 透過藍牙與 Arduino 互動，其餘如人機介面與網路通訊等無法在本書中提及。請參考本團隊另外兩本 App Inventor 著作：[Android 手機程式超簡單！！ App Inventor 入門卷（增訂版）] 與 [Android 手機程式超簡單 App Inventor 機器人卷]。或是參考 App Inventor 中文學習網 www.appinventor.tw。

5-3 藍牙通訊

您需要用到的東西：

名稱	數量
藍牙模組（HC-05 或 HC-06）	1

準備好了 App Inventor，接下來 5-3 到 5-5 小節的作品都需要利用藍牙傳送資料，就讓我們從什麼是藍牙通訊開始介紹吧！

藍牙（Bluetooth）是一種近距離的無線傳輸技術，和紅外線技術相比，它主要的優勢是採取電波技術（2.4GHz 頻段），所以兩個通訊設備不需要直線對齊也能進行資料傳輸，電波也可以穿透一定厚度以下牆壁、布料等等，通訊距離比紅外線更長（紅外線通常只能傳送幾公尺）。

圖 5-5 藍牙模組

以下為藍牙模組的腳位定義表：

表 5-1　藍牙模組的腳位定義

腳位編號	ID	說明
1	VCC	3.6V ~ 6V
2	GND	Common Ground
3	TXD	UART TXD 輸出（發送資料）
4	RXD	UART RXD 輸入（接收資料）

在藍牙連線之前，我們先來學習如何設定藍牙模組，我們將透過 UART 通訊

介面對藍牙模組執行 AT 命令（AT command），您可以使用 RXD（pin 0）和 TXD（pin 1）直接與 USB to Serial Converter 晶片溝通。首先，我們要先將 Arduino 變成一個 USB to TTL 轉換器，您只需要拉一條線連接 Arduino 的 reset 和 GND 腳位就搞定了。

　　連接藍牙模組時請注意，別把 Vcc 和 GND 接反，這很有可能會燒壞您的藍牙模組，另外 Arduino 的 RXD（pin 0）要接藍牙模組的 RXD，而 TXD（pin1）要接藍牙模組的 TXD。完成以上步驟後，打開 Serial monitor，先把換行模式改成 no line ending，接著輸入 AT(指令皆要大寫)，就可以測試 MCU 與藍牙模組間的 UART 通訊是否正常。若回應為 OK，恭喜您，您可以開始更改藍牙模組的設定值了。

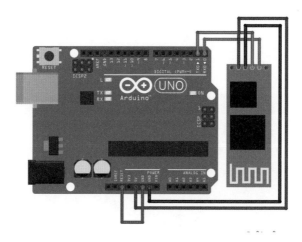

圖 5-6 透過 TTL 更改藍牙模組設定

A. 修改藍牙設備名稱：

　　指令：AT+NAME<p>
　　<p> 為 Parameter，即設備名稱，有效字元 20 個
　　回應：OKsetname
　　範例：將藍牙設配對密碼改為 CAVEDU
　　指令：AT+NAMECAVEDU
　　回應：OKsetname

B. 修改藍牙配對密碼：

　　指令：AT+PIN<p>
　　<p> 為 Parameter，即配對密碼，有效字元 4 個

回應：OKsetPIN

範例：將藍牙設備名稱改為 5678

指令：AT+PIN5678

回應：OKsetPIN

C. 修改藍牙鮑率：

指令：AT+BAUD<p>

<p> 為 Parameter，即 baud rate，有效字元 4 個

回應：OK<r>

範例：將藍牙鮑率改為 57600

指令：AT+BAUD7

回應：OK57600

表 5-2 藍牙的鮑率設定

<p>	<r>	備註	<p>	<r>	備註
1	1200	設定為 1200 bps	7	57600	設定為 57600 bps
2	2400	設定為 2400 bps	8	115200	設定為 115200 bps
3	4800	設定為 4800 bps	9	230400	設定為 230400 bps
4	9600	設定為 9600 bps	A	460800	設定為 460800 bps
5	19200	設定為 19200 bps	B	921600	設定為 921600 bps
6	38400	設定為 38400 bps	C	1382400	設定為 1382400 bps

設定完畢後，請將藍牙模組依照圖 5-7 接起。

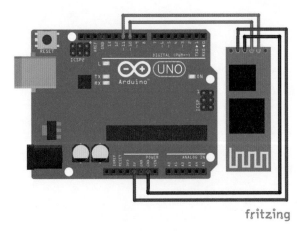

圖 5-7 藍牙接線圖

5-4　手機控制 LED 燈開關

您需要用到的東西：

名稱	數量
藍牙模組（HC-05 或 HC-06）	1

　　這是藍牙與 Arduino 的第一次見面，一樣使用 LED 閃爍來說明。在物聯網的時代，我們都希望可以用手機控制各種電器產品，開關燈就是一件最簡單但也最普遍的事情。您可以將第二章介紹的繼電器與本段範例結合，就可以透過手機來遙控家電了呢！

　　請注意在執行之前，您必須先將所用的藍牙模組與您的 Android 裝置配對，請由 Android 裝置的設定／藍牙選單中，找到搜尋（掃描、或類似說明的選項），這時會根據藍牙訊號的強弱列出清單，找到您剛為藍牙模組所命名的名稱這個選項並點選，輸入配對密碼（預設通常為 1234 或 0000），就可以看到這個裝置被列在 [已配對裝置] 中了。這樣我們就可以在 App Inventor 中透過 ListPicker 清單選取器來選取它了，不用輸入冗長的藍牙位址。

<EX5_1> 藍牙遙控 LED 亮滅（手機端）

以下為使用 AI2 編寫簡單的藍牙訊息發送程式。

A. Designer 外觀編排頁面：

　　畫面元件很簡單，點選 BT List 之後，會顯示藍牙配對裝置清單，點選您已經配對好的藍牙裝置之後，畫面中間的按鈕就可點選。反覆點選就會送出不同的字元給 Arduino 來控制 LED 亮滅。請根據表 5-3 來新增元件，完成如圖 5-8。

表 5-3　〈EX5_1〉使用元件

元件名稱	元件種類	功能說明	其他屬性
BTList	ListPicker	點選後顯示手機已配對之藍牙裝置清單。點選清單項目即發起藍牙連線。	Text 請改為 [BT List]
Button_LED	Button	藍牙連線成功之後，點選本按鈕就能對 Arduino 發送藍牙訊息，藉此控制 LED 亮滅。	Text 請改為 [LED Turn On]

| Button_
Disconnect | Button | 按下後中斷藍牙連線 | Text 請改為
[Disconnect] |
| BluetoothClient1
（預設名稱） | BluetoothClient | 藍牙通訊 | 無 |

圖 5-8　藍牙接線圖

B. Blocks 程式設計頁面：

1️⃣ 在 BTList.BeforePicking 事 件 中， 將 BTList.Elements 設 為 BluetoothClient.
AddressAndNames，代表將其內容連結到手機的已配對藍牙裝置清單。

2️⃣ 畫面初始化，設定相關按鈕為 enabled/ disabled。

3️⃣ 在 ListPicker1.AfterPicking 事件中，確認連線成功之後，設定相關按鈕為
enabled/ disabled。

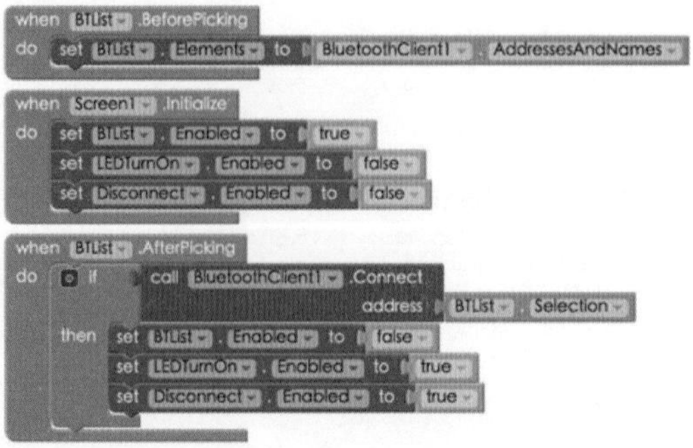

圖 5-9 Blocks 程式：列出手機配對藍牙清單、連線

4 當按下 ON 按鈕時，手機會透過 BluetoothClient 元件的 SendText 指令發送一個『a』字元給 Arduino，此時按鈕的字樣會變成『LED Turn Off』；同理當按下 OFF 按鈕時，手機會發送一個『b』字元給 Arduino，此時按鈕的字樣會變成『LED Turn On』。

5 最後按下 Disconnect 斷線按鈕則中止藍牙連線，並將各畫面元件回復到初始狀態，並等候下一次連線。

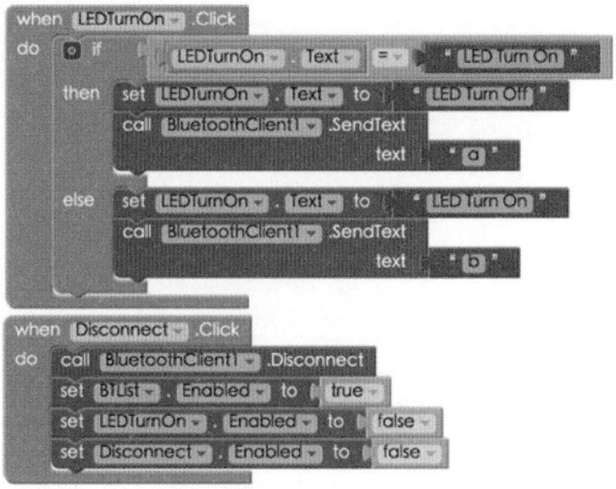

圖 5-10 Blocks 程式：藍牙傳送指令與藍牙斷線

以下是與 App Inventor 所搭配的 Arduino 程式碼：

引用兩個函式庫：Wire.h 以及 SoftwareSerial.h，定義要閃滅的 LED 為 13 腳位（行號 04）。定義 PIN10 及 PIN11 分別為 RX 及 TX 腳位（行號 05）。在這個程式中會用到兩個通訊線路，分別是 Arduino 與電腦序列通訊，鮑率為 9600，以及藍牙模組鮑率也是 9600。注意！每個藍牙晶片的鮑率都不太一樣，請務必確認，如果您需要確認或是更改，可以參考 5-2 段說明。接著在第 10 行設定 LED 燈腳位模式為輸出。

<EX5_1> 藍牙遙控 LED 亮滅（Arduino 端）

```
01    #include <SoftwareSerial.h>
02    #include <Wire.h>
03
04    int LED = 13;
05    SoftwareSerial I2CBT(10,11);
06
07    void setup() {
```

```
08      Serial.begin(9600);
09      I2CBT.begin(9600);// 藍牙鮑率
10      pinMode(LED, OUTPUT);
11    }
```

設定兩個參數 cmmd 和 insize，定義 insize 這個參數是 I2CBT.available 指令執行結束之後，如果藍牙有接收到訊息，I2CBT.available 會大於零，進入 if 判斷式之後，利用序列通訊顯示 input size = insize ，也就是顯示接收到了多少訊息。下一個 for 迴圈的重點是要把藍牙傳送的字元轉成電腦看得懂的程式碼，存在 cmmd 陣列裡面。目前最通用的標準文 / 數字編碼是 ASCII（American Standard Code for Information and Interchange），像是『a』的數字碼是97（十進位）。

在最後 switch....case 控制結構，它有點類似 if....else 判斷條件，利用多個case 來決定要切換到哪一段程式碼。若 cmmd[0] 為 97（也就是字元『a』），打開 led 燈；cmmd[0] 為 98 時，關閉 led 燈。現在開始的程式碼會愈來愈長，大括號的數量也會很多，為了讓程式碼更容易閱讀，通常寫完一組括號後，都會在右括號的後面加上註解，告訴自己那是配合哪一個判斷式或函式的括號！

```
12   void loop() {
13     byte cmmd[20];
14     int insize;
15     while(1){
16        // 讀取藍牙訊息
17        if ( (insize=(I2CBT.available()) )>0){
18          Serial.print("input size = ");
19          Serial.println (insize);
20          for (int i=0; i<insize; i++){
21            Serial.print(cmmd[i]=char(I2CBT.read()));
22            Serial.print("\n");
23          }
24        }
25        switch(cmmd[0]) {
26          case 97: //『a』的 ASCII 碼
27            digitalWrite(LED,HIGH);
28            break;
```

```
29            case 98://『b』的 ASCII 碼
30              digitalWrite(LED,LOW);
31              break;
32          }
33      }
34  }
```

5-5　手機滑桿控制 LED 亮度

您需要用到的東西：

名稱	數量
LED 5mm（顏色不拘）	1
藍牙模組（HC-05 或 HC-06）	1

　　會不會覺得 LED 燈只有單調的亮和滅沒辦法滿足您的需求呢？在前面的章節，我們曾經使用可變電阻來控制 LED 的亮度，讓它可以顯現出不只全亮和全暗兩種效果。在這裡我們可以用另外一個方法，用 App Inventor 的滑桿（slider）元件，藉由左右拉動滑桿來微調 LED 的亮度。

　　以下為使用 AI2 編寫簡單的藍牙控制 LED 漸明漸暗程式。

<EX5_2> 藍牙遙控 LED 呼吸燈效果（手機端）

A. Designer 頁面：

　　本範例與 <EX5_1> 相比，只新增了一個滑桿（Slider）元件與一個文字方塊（Textbox）元件，前者是用來調整 LED 的亮度，後者則是用來顯示滑桿的指針位置。

　　點選 BT List 之後，會顯示藍牙配對裝置清單，點選您已經配對好的藍牙裝置之後，畫面中間的滑桿就可以滑動。滑桿的所在位置也會在下面的方框中顯示。滑桿的數值範圍可以調整，在此為 0 至 80 。

圖 5-11　Designer 頁面：使用滑桿控制 LED

B. Blocks 頁面

1️⃣ 在 BTList.BeforePicking 事件中，將 BTList.Elements 指定為 BluetoothClient.
AddressAndNames，代表將其內容連結到手機的已配對藍牙裝置清單。

2️⃣ 在 畫 面 初 始 化 Screen1.Initialize 事 件 中， 設 定 相 關 按 鈕 為 enabled/
disabled。

3️⃣ 在 ListPicker1.AfterPicking 事件中，確認連線成功之後，設定相關按鈕為
enabled/ disabled。並設定 ThumbPosition（滑桿預設所在位置）為 0。

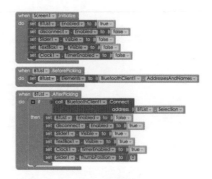

圖 5-12　Blocks 頁面：初始化設定與藍牙連線

4️⃣ 本程式重點在於使用 Clock.Timer 事件每 0.01 秒將 Slider 的當下位置透過
BluetoothClient 元件的 SendText 指令送出給 Arduino。最後按下 Disconnect
斷線按鈕則中止藍牙連線，並將各畫面元件回復到初始狀態等候下一次連線。

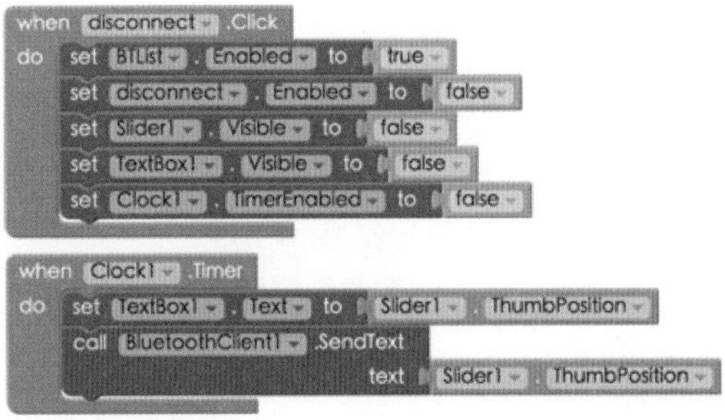

圖 **5-13** Blocks 頁面：藍牙斷線與定時讀取滑桿參數

以下是與 App Inventor 所搭配的 Arduino 程式碼：

引用兩個函式庫：Wire.h 以及 SoftwareSerial.h，定義要 LED 接在 Arduino 的 9 號腳位。為什麼不能一樣使用 13 腳位呢？這是因為我們現在要呈現亮度的漸明漸暗效果，因此要將 LED 接到 Arduino 上支援 PWM 功能的腳位才行，如圖 5-14。接著，定義 PIN10 及 PIN11 分別為 RX 及 TX 腳位。在這個程式中一樣會用到兩個通訊，分別是序列通訊以及 I2CBT 藍牙通訊，鮑率都是 9600。注意！每個藍牙晶片的鮑率都不太一樣，如果您需要確認或是更改，可以參考 <EX5_1>。最後在 07 行設定 LED 燈腳位的模式為輸出。

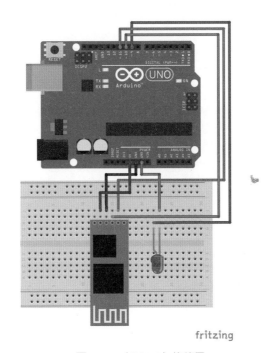

圖 **5-14** 〈EX5_2〉接線圖

\<EX5_2\> 藍牙遙控 LED 呼吸燈效果（Arduino 端）

```
01    #include <SoftwareSerial.h>
02    #include <Wire.h>
03    SoftwareSerial I2CBT(10,11);  // RX,  TX
04    void setup() {
05      Serial.begin(9600);
06      I2CBT.begin(9600);     // 藍牙鮑率
07      pinMode(9,OUTPUT);
08    }
```

這一段與上一個專案的第二段是幾乎一模一樣的，這代表您以後如果需要接收藍牙訊息的程式碼，這段應該可以派得上用場，有哪裡看不懂的可以翻回第 5-3 章。

```
09    void loop() {
10      byte cmmd[20];
11      int insize;
12      int a = 0;
13      while (1) {
14        if ((insize = (I2CBT.available())) > 0) {
15          Serial.print("input size = ");
16          Serial.println(insize);
17          for (int i = 0; i < insize; i++) {
18            Serial.print(cmmd[i] = char(I2CBT.read()));
19          }
20          Serial.println("\n");
21        }//if
22      }//while
23    }//loop
```

接下來要說明如何傳送連續的數字給 Arduino。假設現在滑桿位置在 48.5 的位置，我們該如何傳送 48.5 給 Arduino 呢？

首先，48.5 的 insize 總共有 4 個，分別是「4」、「8」、「·」、「5」這四個東西，我們希望 Arduino 拿走整數部分也就是 48 就好，所以 23（十進位）可以用 2×10 ＋ 3 來表示，2 可以從 cmmd[0] 拿到，3 可以從 cmmd[1] 拿到，但這裡要注意，cmmd 裡面的編碼是 ASCII code，所以數字 0 經過轉換會是 48，數字 1 是 49，當我們把 cmmd 取得的數字再減去 48，這就是我們想要的數值了。以 23.5 為例，cmmd[0] 會等於 50，cmmd[1] 等於 51，cmmd[2] 會等於 46，cmmd[3] 會等於 53，先定義 a 為 (cmmd[0]-48)*10，乘上 10 是要當十位數的部分，下一行 a 再等於本來的 a+(cmmd[1]-48)，也就是把個位數加上去。

那麼什麼時候 insize 會是 3 呢？就是只有個位數的時候，例如 4.5，這樣就只需要取個位數，a 等於 (cmmd[0]-48)。最後，在類比輸出的時候，我們使用 map 指令，把滑桿送來的 0-80 等比例放大至 0-255，因為 Arduino 的類比輸出的範圍是 0-255。

```
24       if ( insize==4 ) {
25       a = ( cmmd[0]-48 ) *10;
26       a=a+ ( cmmd[1]-48 );
27       }
28       if ( insize==3 ) {
29         a= ( cmmd[0]-48 );
30       }
31       Serial.println ( a );
32       analogWrite(9,map ( a,0,80,0,255 ));
33     } //while
34   }//loop
```

5-6 手機藍牙拆解封包

您需要用到的東西：

名稱	數量
藍牙模組（HC-05 或 HC-06）	1
500 歐姆 可變電阻	1

至目前為止，我們所使用的傳輸方式仍然還符合無線傳輸的限定範圍，也就是 0-255 之間，似乎沒有考慮過當單筆資料超過 255 之後，要如何精準的透過無線方式傳送資料？

這時候我們需要用到的東西稱為『封包』。封包（packet）為電腦傳輸資料的基本單位，通常一個標頭再加上一段資料，可以稱為一個最簡單的封包。當需要傳送的資料超過 255 時，資料就會被劃分成高位元資料和低位元資料，高位元資料在此定義成資料除上 256 後的整數部分，低位元資料則是定義成資料除上 256 後的餘數。舉例來説，如果我們要發送一筆 1013 的整數資料，要如何做成封包？

　　經由上述定義，高位元資料（Data[0]）為 1013/256，低位元資料（Data[1]）為 1013 對 256 取餘數，因此高位元資料是 3，低位元資料是 245。資料製作成封包必須在前面放一個標頭檔，這裡選擇的是『S』這個字母。

```
/****************************************
                   封包傳送
****************************************/

int data = 1013;              void loop( )
char Data[2];                 {
                                //傳送資料
void setup( )                   Serial.write("S");
{                               Serial.write(Data[0]);
  Serial.begin(9600);           Serial.write(Data[1]);
  Serial1.begin(9600);        }
  //將資料分成高低位元
  Data[0] = data/256;
  Data[1] = data%256;
}
```

圖 5-15　Arduino 程式：拆解封包

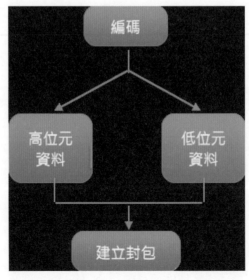

圖 5-16　封包拆解流程

接著,您應該也想到了,接收的那端應該要如何拆解這些封包呢?邏輯上解封包就和包封包一樣,剛剛怎麼把資料包起來的,現在就怎麼把它復原。就拿 1013 的例子來說,接收端確認收到 S 這個字母之後,就會提醒自己封包要進來了。

只需要把高位元的資料乘上 256,再將低位元的資料加上去,就完成了解封包。

在這裡要提醒一件事情。在電腦端,一個位元組的資料範圍是 0~255,但是當資料傳送到 Arduino 時,它卻會將 128~255 的資料判斷為 -128~-1。因此接收端在解封包時,要設定一個迴圈檢驗(圖 5-17),當收到的高位元或低位元的資料為負值時,必須先將資料加上 256 修正成正確的資料之後再拆解封包。

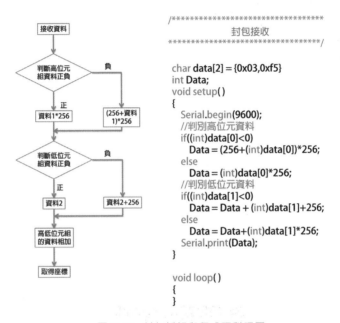

圖 5-17 封包拆解與程式碼對照圖

在這個專題中,要傳送資料是可變電阻的狀態,原因是 Arduino 的類比輸入範圍為 0-1023,如此一來便需要用到封包來傳送資料。下圖為此專題的概念:

圖 5-18 手機 App 與 Arduino 藍牙互傳資料

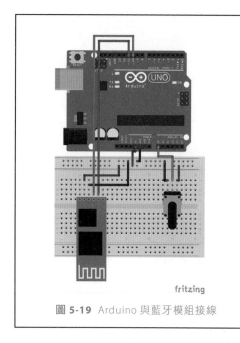

元件	Arduino
可變電阻 - 訊號線	A0
BT-TXD	Pin 10
BT-RXD	Pin 11
BT-GND	GND
可變電阻 -GND	
BT-Vcc	5V
可變電阻 -5V	

圖 **5-19** Arduino 與藍牙模組接線

接著來看看 App Inventor 的程式要怎麼寫

A. Designer 頁面：

點選 BT List 之後，會顯示藍牙配對裝置清單，點選您已經配對好的藍牙裝置
之後，在中間的文字方塊中就會看到 A0 腳位類比輸出值。

圖 **5-20** Designer 頁面：App 程式畫面

B. blocks 頁面

1 BTList.BeforePicking 事 件 中， 將 BTList.Elements 設 為 BluetoothClient.AddressAndNames，代表將其內容連結到手機的已配對藍牙裝置清單。

2 在 畫 面 初 始 化 Screen1.Initialize 事 件 中， 設 定 相 關 按 鈕 為 enabled/ disabled。

3 在 ListPicker1.AfterPicking 事件中，確認連線成功之後，設定相關按鈕為 enabled/ disabled。

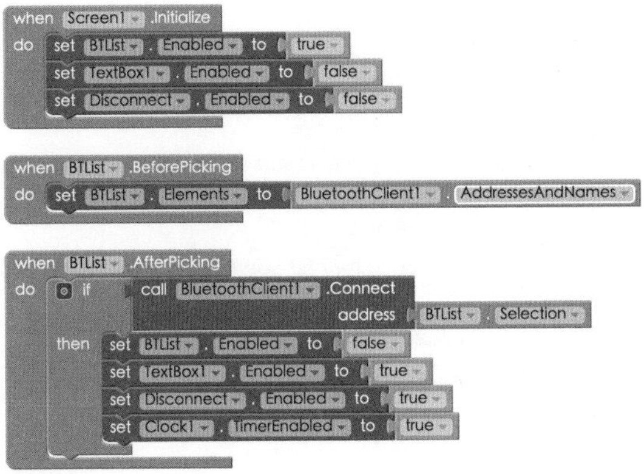

圖 **5-21** Blocks 頁面：顯示手機藍牙配對清單、連線

4 設定兩個全域變數 text 和 number

圖 **5-22** Block 頁面：設定參數

5 本程式使用 Clock.Timer 事件每 10ms 執行內容包括以下三件事：

Step1：透過藍牙傳送 49 給 Arduino，這是一個握手（hand-shaking）參數，您可以把這個 49 想像成資料的火車頭，當 Arduino 收到 49 時就知道這是一串資料的第一筆資料，可以開始發送資料了。

Step2：如果有回傳值，則設定 global text 為此值

Step3：如果 global text 的值等於『a』，設定 global number 為下一個藍牙收到的值（高位元）乘上 256，global text 為再下一個藍牙收

到的值（低位元）。如果 global text 值為負數，要先加上 256 才不會錯誤。收完高低位元資料之後再將 global number 定義為 global text 加上 global number，並顯示在 text box 中。最後將 global number 歸零。

6 最後按下 Disconnect 斷線按鈕則中止藍牙連線，並將各畫面元件回復到初始狀態，並等候下一次連線。

圖 5-23 Blocks 頁面：藍牙傳送資料、接收資料封包

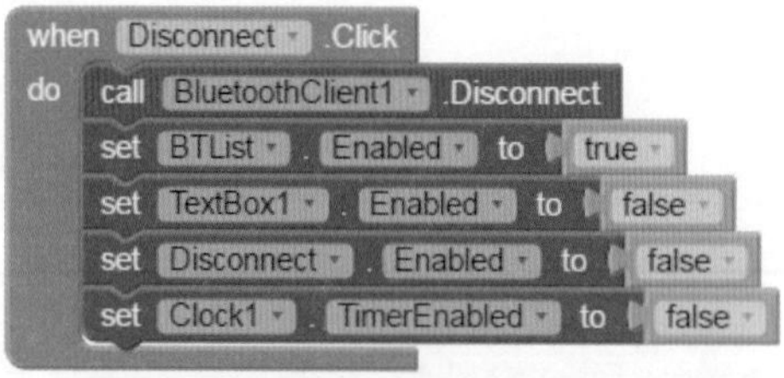

圖 5-24 Blocks 頁面：藍牙斷線

以下是與 App Inventor 所搭配的 Arduino 程式碼：

引用兩個函式庫： Wire.h 以及 SoftwareSerial.h，定義 PIN10 及 PIN11 分別為 RX 及 TX 腳位。在這個程式中一樣會用到兩個通訊，分別是序列通訊以及 I2CBT 藍牙通訊，鮑率都是 9600bps。

<EX5_3> 手機藍牙拆解封包

```
01   #include <SoftwareSerial.h>
02   #include <Wire.h>
```

```
03    SoftwareSerial I2CBT(10,11);
04    byte serialA;
05
06    void setup(){
07      Serial.begin(9600);
08      I2CBT.begin(9600);
09    }
```

設定整數變數 i 為 A0 腳位讀取的訊號值，serialA 為藍牙接收的值。因為 i 的範圍是 0-1023，必須先拆成兩個封包才能透過藍牙傳送訊息，因此將 Data[0] 定義成 a 也就是標頭檔，Data[1] 為高位元，Data[2] 為低位元。若藍牙接收到 49，就開始傳 Data，由於一次只能傳一個 byte，所以傳送先後分別是：標頭檔，高位元，低位元。接收端也是按照這個順序接收。

```
14    void loop (){
15      byte Data[2];
16      byte cmmd[20];
17      int insize;
18      int i=analogRead(A0);    // 讀取 A0 腳位狀態，也就是電位計
19      serialA=I2CBT.read();
20      Data[0]='a';
21      Data[1]=i/256;
22      Data[2]=i%256;
23       Serial.println(i);
24      if (serialA == 49){   // 接收到 49，準備發送封包
25          for(int j=0;j<3;j++)
26          I2CBT.write(Data[j]);
27          serialA=0;
28        }
29    delay(100);
30    }
```

5-7 紅外線控制

您需要用到的東西：

名稱	數量
紅外線發射器（波長 940mm）	1
紅外線接收器	1
紅外線遙控器（電視、冷氣等家電皆可）	1

　　介紹完藍牙之後，來看看另一個常用的無線控制方法：紅外線。由於紅外線具有裝置體積小、電路設計容易、成本低、低耗電等優勢，因此是生活中比較普遍使用的無線控制方式，一般家電如冷氣、電視機、電風扇、投影機大多是紅外線遙控器，紅外線是一種不可見光，我們生活中有許多東東西會發出紅外線，如太陽、人體、鎢絲燈泡等。為了避免動不動就觸發電器的紅外線接收器，紅外線接收器被設計只能接收特定頻率的訊號。

圖 5-25 紅外線接收器與遙控器

　　我們舉 NEC 這款紅外線通訊協定作為範例，符合該協定的規範格式，紅外線接收器才會收到資料。NEC 協定：（1）資料長度為一個八位元的位址與一個八位元的命令（一共 16 位元）。（2）在擴充模式下地址長度與命令資料長度加倍（一共 32 位元）。（3）頻率為 38KHz。

　　代表位元 1 的資料長度為 2.25 毫秒，由 560 微秒的脈衝與 1960 微秒的低電位組成。位元 0 的資料長度為 1.12 毫秒，由 560 微秒的脈衝與 560 微秒的低電位組成，如圖 5-26。

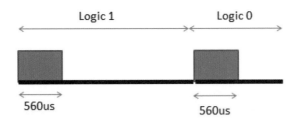

圖 **5-26**　紅外線的邏輯訊號

一般使用 NEC 協定的資料總長度為 32 位元，開始訊號是由 9 毫秒的脈衝加上 4.5 毫秒的低電位組成。接著由兩個 8 位元長度的地址（低位元到高位元），加上兩個 8 位元長度的命令（低位元到高位元），如圖 5-27。

圖 **5-27**　紅外線通訊格式 NEC 協定

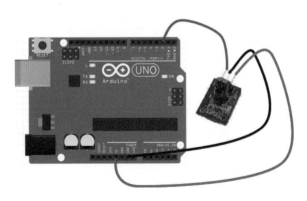

圖 **5-28**　紅外線接線圖

1 請先匯入函式庫 IRremote，以下是 Cooper Maa 網站提供的下載連結：
https://github.com/coopermaa/Arduino-IRremote

2 匯入函式庫的流程：點選 ArduinoIDE 的 [草稿碼] → [Include Library] → [Add .ZIP Library]，選擇剛才下載的 IRremote 壓縮檔，便能匯入函式庫。

3 IRremote 函式庫與 RobotIRremote 函式庫之間互相衝突，我們要先刪除 RobotIRremote 函式庫。位置在 ArduinoIDE 的 libraries 資料夾中。

<EX5_4> 紅外線控制 LED 亮滅

```
01    #include <IRremote.h>                // 匯入 IRRemote 函式庫
02
03    const int irReceiverPin = 2;         // 將紅外線接收器訊號腳位接在 pin 2
04    IRrecv irrecv(irReceiverPin);        // 定義 IRrecv 物件接收紅外線的訊號
05    decode_results results;
06    // 將解碼結果將放在 decode_results 結構的 result 變數
07
08    void setup()
09    {
10      Serial.begin(9600);                // 設定通訊速率為 9600 bps
11      irrecv.enableIRIn();               // 開啟紅外線解碼指令
12      pinMode(13,OUTPUT);
13    }
14
15    void loop()
16    {
17      if (irrecv.decode(&results)) {     // 當解碼成功，收到一組紅外線訊號
18        Serial.print("irCode: ");
19        Serial.print(results.value, HEX); // 列印紅外線編碼
20        Serial.print(",  bits: ");
21        Serial.println(results.bits);     // 紅外線編碼位元數長度
22
23        long unsigned int data = results.value;
24
25        if(data ==0x511DBB)              // 遙控器按鈕訊號 1
26        {
27          digitalWrite(13,HIGH);
28        }
29        else if(data == 0xA3C8EDDB)      // 遙控器按鈕訊號 2
30        {
31          digitalWrite(13,LOW);
32        }
33
34        irrecv.resume();                 // 接收下一組紅外線訊號
35      }
36    }
```

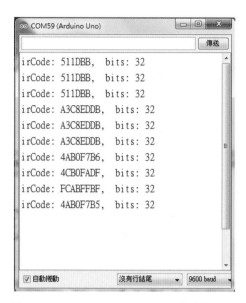

圖 5-29 <EX5_4> Serial Monitor 接收資訊

　　接下來介紹紅外線發射器，發射器外觀與 LED 燈的形狀相同，差別在於發射器放出的光波長，下圖選用的是 940nm 波長發射器。由於紅外線為不可見光，肉眼直視依然看不出發光的跡象，不過使用手機的照相機觀看，可以看得出紅色的光芒。

圖 5-30 紅外線發射器

　　圖 5-31 為發射器的接線圖，請串聯一個 220 歐姆電阻保護發射器，IRremote 函式庫預設發射器腳位為 D3 腳位，製作專案時請先預留 D3 腳位供發射器使用。

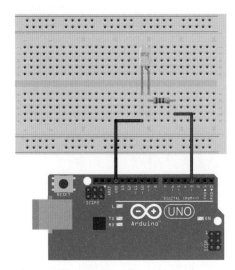

圖 5-31 發射器接線圖

　　動手玩玩看吧，我們將之前解碼的兩個遙控器按鈕訊號，改用 Arduino 搭配紅外線發射器來發射相同訊號。使用 IRremote 函式庫時，首先要定義 IRsend 物件的名稱 irsend，我們透過 irsend 物件發射 NEC 訊號，並指定資料長度為 32 位元，如下指令：

　　EX：irsend.sendNEC(0x511DBB, 32);

　　在〈EX5_5〉中，使用 Serial.read 來接收紅外線訊息，收到字元『1』資料時，傳送 0x511DBB 訊號；收到的字元為『0』時，傳送 0xA3C8EDDB 訊號，

<EX5_5> 發送紅外線訊號

```
01    #include <IRremote.h>        // 使用 IRRemote 函式庫
02    IRsend irsend;               // 定義 IRsend 物件來發射紅外線訊號
03
04    void setup()
05    {
06      Serial.begin(9600);        // 設定通訊速率為 9600 bps
07    }
08
09    void loop()
10    {
11      if(Serial.available()>0)
12      {
```

```
13      char c=Serial.read();                 // 讀取紅外線字元
14      if(c=='1')
15      {
16         irsend.sendNEC(0x511DBB, 32);      // 傳送紅外線 NEC 協定資料
17      }
18      else if(c=='0')
19      {
20         irsend.sendNEC(0xA3C8EDDB, 32);    // 傳送紅外線 NEC 協定資料
21      }
22    }
23  }
```

5-8 總結

本章介紹了兩種常用於 Arduino 的短距離無線遙控方法：藍牙與紅外線。前者屬於點對點通訊方式，且需要先配對；後者則屬於廣播方式，只要在範圍內都會接收到紅外線訊號，算是在藍牙出現之前比較傳統的做法。我們使用了 App Inventor 讓您得以自行編寫 Android 手機程式來與 Arduino 互動，手機上有許多豐富的軟硬體功能，您一定會喜歡的。

5-9 延伸挑戰

挑戰一

題目：App Inventor 小程式

您需要用到的東西：

名稱	數量
Android 手機	1

透過 App Inventor 開發環境試著自己設計一個簡單的 App 吧，在 Designer 頁面拖曳一個按鈕元件，點擊按鈕元件後，可以播放出特別的音效，詳細的教學可以參考我們的教學網的範例教學 - 入門學習篇 http://www.App Inventor.tw/exm

挑戰二

題目：設定藍牙

您需要用到的東西：

名稱	數量
藍牙模組（HC-05 或 HC-06）	1

　　參考 5-2 節的教學，試著更改藍牙的名稱與傳送速度吧，利用 AT Command 下指令，將藍牙的名稱（建議使用英文）做更改，並把藍牙的鮑率改為 115200，藉此熟悉如何設定藍牙模組。

挑戰三

題目：音樂播放控制

您需要用到的東西：

名稱	數量
8 歐姆 5 瓦 揚聲器	1
藍牙模組（HC-05 或 HC-06）	1

　　在學習第四章時，是否使用 Arduino 播放一首歌呢？請參考第四章的程式碼，這次使用手機藍牙 App，把控制 LED 燈開關的範例，改為 Arduino 播放音樂與停止播放。

挑戰四

題目：手機控制馬達的轉速

您需要用到的東西：

名稱	數量
L293	1
直流馬達	1
藍牙模組（HC-05 或 HC-06）	

　　請問您在第三章的延伸挑戰時，是否有成功使用 Arduino 的 PWM 腳位控制直流馬達的轉動速度呢？請參考第三章的範例，這次使用手機藍牙 App，從控制 LED 燈的亮暗，改用滑桿來控制馬達的轉動速度。

機器人之夜

6

本章將以機器人為主軸，介紹多個整合性的專題，您可以結合前五章所學，做一台功能豐富的機器人喔！我們將介紹藍牙遙控車、超音波避障車，還有當今最火紅的開放原始碼機械手臂 MeArm，以此介紹最常見的兩種機器人型態：輪型機器人與手型機器人（機器手臂）。

6-1　準備材料

名稱	數量
Mini Car 雙馬達車身	1
MeArm 四軸桌上型機械手臂	1
藍牙模組（HC-05 或 HC-06）	1
KY-033 感測器	1
L293	1
XY 類比搖桿	2

6-2　藍牙控制車

您需要用到的東西：

名稱	數量
Mini Car 雙馬達車身	1
藍牙模組（HC-05 或 HC-06）	1
L293	1

　　經過了第五章〈無線控制之夜〉之後，相信您對於藍牙模組與紅外線控制應該有一定程度的基礎了。若此時要組一台藍牙遙控車，車子最重要的部分－直流馬達，透過馬達控制晶片（TA7279 或 L293）來操控馬達，這專題也在第三章〈動力之夜〉與大家見面了，因此本章的重點就是整合＜動力之夜＞以及＜無線控制之夜＞這兩個主題了！

　　本專題將使用 Arduino Uno 來控制 Mini Car 雙輪機器人平台，這是相當常見的雙輪機器人本體之一，光碟大小且具有兩顆直流馬達與支撐用的滾珠輪，如圖 6-1。另外在輪型機器人底盤上也新增了許多不同大小孔位，可以用來加裝 Arduino(或其他開發版)、麵包板與各式感測器。

圖 6-1 minicar 雙輪機器人

　　本專題需要結合第三章＜動力之夜＞中所介紹過的 L293D 馬達控制晶片來控制 minicar 雙馬達車上的馬達使車子能到處移動。另外還要使用到第五章＜無線控制之夜＞的藍牙模組（HC-05 或 HC-06），進而讓 Arduino 可以接收來自 Android 手持式裝置所發送的藍牙訊息（前進、後退等指令），分析完訊息讓移動型機器人能根據我們透過 App Inventor 所編寫的 Android 程式來四處移動。

<table>
<tr><th>省點力氣？</th></tr>
<tr><td>　　若您想要在單一電路上同時整合馬達控制晶片和藍牙模組，這時會發現 Arduino 與麵包板上接了滿滿的電線，這樣接不僅電線很容易脫落，而且後續在線路整理、除錯上也是相當費時的事。這時可以選擇採用整合性的 Arduino 相容開發板，例如台灣慧手科技出品的 Motoduino（http://www.motoduino.com），這塊開發版將馬達控制晶片（L293D）以及預留藍牙模組的位置一併整合到開發板上了，您只需要將供應馬達電力的電源線和藍牙模組插到指定的位置就能輕輕鬆鬆地做出一台移動型機器人喔！（注意！若您是使用 Motoduino 進行本章題目，上傳程式前必須將藍牙晶片拔除才能正常上傳程式）</td></tr>
</table>

▶ 6-2-1 Arduino 端

　　接下來要把 Arduino 搭配麵包板將馬達控制晶片及藍牙模組接起來了。在確認沒有通電的情況下，根據表 6-1 將 L293D 晶片上各個腳位透過麵包板連接到 Arduino，完成的接線圖如圖 6-2：

表 6-1 Arduino、L293N 與馬達配線

IC	Arduino	IC	Arduino	IC	Arduino	IC	Arduino
1	5V	5	GND	9	5V	13	GND
2	9	6	Motor1 -	10	6	14	Motor2 -
3	Motor1 +	7	10	11	Motor2 +	15	5
4	GND	8	9V	12	GND	16	5V

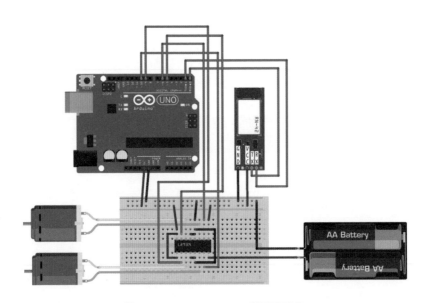

圖 6-2 Arduino、L293D 與馬達配線

L293D 晶片的各腳位功能整理如下：

表 6-2 L293D 腳位功能

腳位號碼	符號	功能說明	腳位符號	符號	功能說明
1	Enable 1	1 致能	9	Enable 2	2 致能
2	Input 1	1 輸入	10	Input 3	3 輸入
3	Output 1	1 輸出	11	Output 3	3 輸出
4	GND	接地	12	GND	接地
5	GND	接地	13	GND	接地

6	Output 2	2 輸出	14	Output 4	4 輸出
7	Input 2	2 輸入	15	Input 4	4 輸入
8	Vcc 2	馬達之驅動供應電壓	16	Vcc 1	驅動晶片之供應電壓

在開始程式解說前，請再檢查一次 IC 和 Arduino 的連接是否正確，以免系統無法運作或晶片燒毀。

首先您應該注意到了，本範例的藍牙模組 TX、RX 腳位是接在 Arduino 的數位 0、1 號腳位，這與第五章 [無線控制之夜] 的做法不同。另一方面，當 Arduino 的 0、1 號腳位有接東西的情況下，就無法從 Arduino IDE 上傳程式到板子，這時需要先把藍牙模組拔起來，上傳程式之後再插回去，請注意喔！

在 L293D 晶片中，2、3 腳位控制的接在 4、6 腳位的馬達是否轉動與轉向；12、13 腳位控制的則是接在 9、11 腳位的馬達。在 <EX6_1> 中，機器人左側馬達的兩條電線分別接到 IC 的 4、6 腳位，右側馬達電線則接到 IC 的 9、11 腳位。因此，motor=0 表示左邊的馬達，motor=1 表示右邊的馬達。

MotorControl 這個副程式為這個程式的重點，先來認識它吧。void 開頭的副程式表示沒有回傳值，MotorControl(int motor,int velocity)，括號裡頭的參數是這個函式的輸入值，所以，我們定義括號中的第一個參數是與哪一顆馬達有關，而第二個參數是和馬達轉速有關。

<EX6_1>App Inventor 藍牙遙控機器人－機器人端

```
01    int Data = 0;
02    void setup()
03    {
04      Serial.begin(9600);   // 開啟序列通訊
05    }
06    void loop()
07    {
08      if(Serial.available()>0)
09      {
10        Data = Serial.read();    // 讀取通訊訊息
11      }
12      switch(Data)
13      {
14        case 'f':  // 前進
```

```
15        MotorControl(0,200);
16        MotorControl(1,200);
17        break;
18      case 'l':  // 左轉
19        MotorControl(0,100);
20        MotorControl(1,200);
21        break;
22      case 'r':  // 右轉
23        MotorControl(0,200);
24        MotorControl(1,100);
25        break;
26      case 'b':  // 後退
27        MotorControl(0,-200);
28        MotorControl(1,-200);
29        break;
30      case 's':  // 停止
31        MotorControl(0,0);
32        MotorControl(1,0);
33        break;
34    }
35  }
```

　　舉例來說，讓車子前進的語法為：MotorControl(0,200); 與 MotorControl(1,200);，這兩個分別代表控制左右馬達的速度都是 +200，接著呼叫副程式中，這個程式會進去 motor=0, velocity>0 這兩個 if 判斷式，所以會執行 analogWrite(6,velocity) 和 analogWrite(5,0)，分別表示 Arduino 腳位 6,5 的類比輸出為 velocity 和 0，也就是左邊馬達的訊號輸入。而一個輸入 0，另一個輸入 velocity。

　　這樣的輸入才能讓馬達轉動，也就是表 3-2 的第三列所述 X。因此，若想要讓車子倒退，velocity 需為負值，在副程式中會進入不同的判斷式，也就是 else 迴圈裡所寫：讓 6、5 腳位的類比輸出為 0 和 velocity，簡單來說就是與剛才的情況相反（粗體字），電流會反向流動，因此馬達會往相反方向轉，也就是。而第二列和第五列所說明的就是急煞和逐漸停止。另外，左轉的原理是右邊馬達轉得比左邊馬達快，右轉的原理是左邊馬達轉得比右邊馬達快。

　　那麼，怎麼控制車子前進後退呢？程式中的 Data 變數是用來讀取藍牙訊息，若是收到字元『f』就表示前進，『l』表示左轉，『r』表示右轉，『b』表示後退，『s』表示停止。一開始測試時，可以開啟 Arduino IDE 的 Serial Monitor 來檢視所收到的資料，確認無誤之後再由手機藉由藍牙傳送字元。

```
36    void MotorControl(int motor,int velocity)
37    {
38      if(motor==0)
39      {
40        if(velocity > 0)
41        {
42          analogWrite(6,velocity);
43          analogWrite(5,0);
44        }
45        else
46        {
47          velocity = velocity*(-1);
48          analogWrite(6,0);
49          analogWrite(5,velocity);
50        }
51      }
52      if(motor==1)
53      {
54        if(velocity > 0)
55        {
56          analogWrite(9,velocity);
57          analogWrite(10,0);
58        }
59        else
60        {
61          velocity = velocity*(-1);
62          analogWrite(9,0);
63          analogWrite(10,velocity);
64        }
65      }
66    }
```

▶ 6-2-2 App Inventor 端

App Inventor 端程式可延續第五章的 LED 亮滅範例，只是我們需要多幾個按鈕來控制機器人的動作。請根據表 6-3 來新增各元件：

表 6-3　<EX6_2> 元件列表

元件名稱	元件種類	功能說明	其他屬性
BTList	ListPicker	點選後顯示手機已配對之藍牙裝置清單點選清單項目即發起藍牙連線	Text 請改為 [選取裝置 / 連線]
BT_U	Button	發送字元『f』讓機器人前進	Text 請改為 [↑]
BT_Dwn	Button	發送字元『b』讓機器人後退	Text 請改為 [↓]
BT_L	Button	發送字元『l』讓機器人左轉	Text 請改為 [←]
BT_R	Button	發送字元『r』讓機器人右轉	Text 請改為 [→]
BT_S	Button	發送字元『s』讓機器人停止	Text 請改為 [S]
TableArrangment1	TableArrangment1	放入上述五個按鈕，呈十字型排列	Row, Column 請都改為 3
Button_Disconnect	Button	按下後中斷藍牙連線	Text 請改為 [斷線]
BluetoothClient1（預設名稱）	BluetoothClient	藍牙通訊	無

\<EX6_2\>App Inventor 藍牙遙控機器人－手機端

A. Designer 頁面：

點選 BT List 之後，會顯示藍牙配對裝置清單，點選您已經配對好的藍牙裝置之後，可以利用上下左右按鍵控制藍牙車。

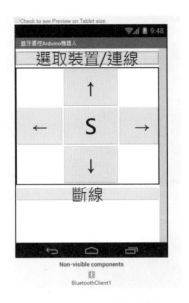

圖 6-3 Designer 頁面完成圖

B. Blocks 頁面

1 BTList.BeforePicking 事件中，將 BTList.Elements 指定為 BluetoothClient. AddressAndNames，代表 BTList 的選項內容連結到手機的已配對藍牙裝置清單。

2 在畫面初始化 Screen1.Initialize 事件中，設定 TableArrangement 的 visible 為 False，這樣在手機上就看不到五個控制機器人的按鈕了。接著設定斷線的按鈕 enabled 為 false。

3 在 ListPicker1.AfterPicking 事件中，確認連線成功之後，設定 TableArrangement 的 visible 為 True，這樣就可以看見五個控制機器人的方向按鈕了。

4 最後，按下 Disconnect 斷線按鈕則中止藍牙連線，並將各畫面元件回復到初始狀態等候下一次連線。

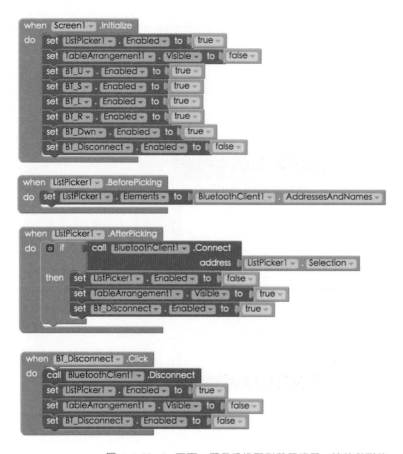

圖 6-4 Blocks 頁面：顯示手機配對藍牙清單、連線與斷線

5 按下不同按鈕時，會透過 BluetoothClient 元件發送不同藍牙字元給 Arduino，Arduino 接收到（就是 Data 變數，還記得嗎？）字元之後就會執行對應的動作。例如點擊 BT_Dwn 按鈕就會讓手機發送藍牙字元『b』，當 Arduino 接收到字元『b』之後，就會執行讓機器人後退的副程式。

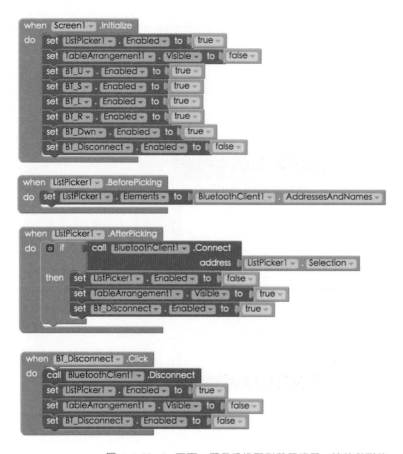

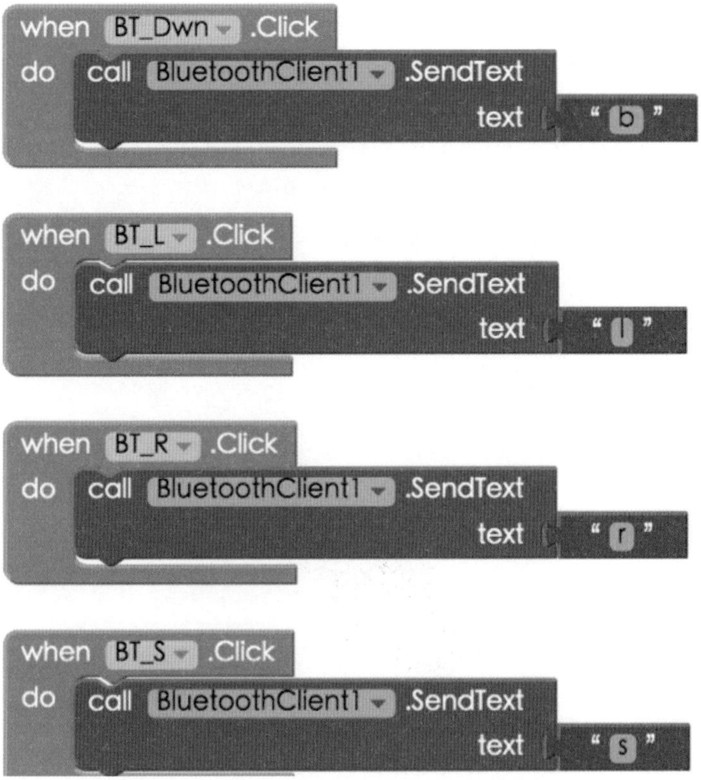

圖 6-5 Blocks 頁面：傳送控制機器人方向的藍牙字元

6-3 使用紅外線感測器來循跡移動

您需要用到的東西：

名稱	數量
Mini Car 雙馬達車身	1
L293	1
KY-033 感測器	1

看完了遙控機器人之後，來看看另一個機器人常見的應用：自走。常見的應用就是讓機器人根據感測器在一個區域內移動，例如本段要介紹的 KY-033 這類型的紅外線感測器與超音波感測器。

　　線與藍牙來遙控 Arduino 機器人，那麼如果讓機器人能跟著軌跡線移動的話，應該怎麼做呢？這時可以使用 KY-033 這類型的紅外線感測器來跟著軌跡線前進，也可以使用 PIR 感測器或超音波感測器來偵測障礙物。這樣一來，機器人就可以持續根據感測器的狀態來執行對應的動作，

　　KY-033 是一種類比式的紅外線感測器，本範例將使用它來偵測黑色軌跡線，如果偵測到黑線的話，它回傳的值會大於 600 左右，反之在白色場地的話，讀數則會低到 100 左右，因此雖然它是個類比式感測器，但使用方式則比較"數位"。

　　請注意，這類型的光感測器會受到環境光源的影響，您可以使用十字螺絲起子去調整感測器本體上的旋鈕來調整其靈敏度，藉此得到比較好的循跡效果。

圖 6-6　KY-033 感測器

　　KY-033 感測器接線相當簡單，只要將 S（訊號）腳位接到 Arduino 的任一隻類比輸入腳位即可，本範例接在 A2，其餘請自行接電接地，完成如下圖：

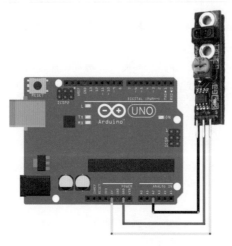

圖 6-7　<EX6_3> 接線示意圖

　　圖 6-7 只說明了紅外線感測器的連接方式，如果您要做出一台完整的循跡機器人的話，請參考上一段的 L293D 連接直流馬達電路圖來組裝完整的機器人。

　　我們把 <EX6_1> 改成使用紅外線感測器來循跡，概念請參考以下程式：

\<EX6_3\>　利用紅外線感測器循跡

```
01    #define motorIn1   3          //L293D 的 input 1 接到 Arduino 的 #3 腳位
02    #define motorIn2   5          //L293D 的 input 2 接到 Arduino 的 #5 腳位
03    #define motorIn3   6          //L293D 的 input 3 接到 Arduino 的 #6 腳位
05    #define motorIn4   9          //L293D 的 input 4 接到 Arduino 的 #9 腳位
06    int data = 0;                 //KY-033 感測器讀數
07
08    void setup()
09    {
10      Serial.begin(9600);        // 開啟序列通訊
11      pinMode(motorIn1, OUTPUT);
12      pinMode(motorIn2, OUTPUT);
13      pinMode(motorIn3, OUTPUT);
14      pinMode(motorIn4, OUTPUT);
15      pinMode(10, OUTPUT);
16      pinMode(11, OUTPUT);
17    }
18
19    void loop()
20    {
21      data = analogRead(A2);     // 更新感測器讀數
22      if(data > 600){            // 偵測到黑線，左轉
23        left();
24      }
25      else{
26        right();
27      }
28      delay(200);
29    }//loop
30
31    void left()                  // 左轉之副程式
32    {
33    Serial.println("left");
34      analogWrite(10, 255);      // 設定左輪轉速為 100%
35      analogWrite(11, 154);      // 設定右輪轉速為 60%
```

```
36        digitalWrite(motorIn1, HIGH);
37        digitalWrite(motorIn2, LOW);
38        digitalWrite(motorIn3, HIGH);
39        digitalWrite(motorIn4, LOW);
40    }
41
42    void right()              // 右轉之副程式
43    {
44    Serial.println("right");
45        analogWrite(10, 154);    // 設定左輪轉速為 60%
46        analogWrite(11, 255);    // 設定右輪轉速為 100%
47        digitalWrite(motorIn1, HIGH);
48        digitalWrite(motorIn2, LOW);
49        digitalWrite(motorIn3, HIGH);
50        digitalWrite(motorIn4, LOW);
51    }
```

　　執行時，請在白色（或淺色）場地上、利用黑色（或深色）膠帶貼出一條沒有交叉以及沒有斷線的彎曲軌跡，並將 KY-033 感測器放在黑線的左側，這是因為根據上述的範例程式邏輯而決定的。機器人在沒有偵測到黑線（或深色）膠帶時，會朝著右前方移動，直到偵測到黑線（或深色）時，則往左前方修正，這就是常見的『之』字形走法。

　　如果您希望您的輪型機器人要沿著黑線（或深色）右側前進的話，就需要調整 範例程式中 if 判斷式的內容。另一方面，機器人的運動狀況是由左右馬達之轉速所決定，兩輪的速差若接近 0 時，機器人就會直線前進或後退；反之，若兩輪轉速有差異時，機器人就會朝著較慢的那一輪轉彎，速差愈大，則機器人就會愈趨近原地旋轉。

　　當然啦，這並非是最佳的循跡方式，『之』字形走法對於直角彎（90o 路徑）、髮夾彎（180o 路徑）等曲率變化過大的軌跡路徑線時就很容易離開軌跡線，這時候您可能需要用到第二個感測器或是搭配 PID 演算法或 Fuzzy 模糊控制等方式來讓機器人的循跡效果更好。

6-4 使用超音波感測器進行避障

您需要用到的東西：

名稱	數量
Mini Car 雙馬達車身	1
L293	1
超音波感測器	1

避障的目的在於能否偵測到感測器前方的障礙物，順利避開後繼續移動，防止機器人直接撞上障礙物。接線圖請參考〔圖 6-2 Arduino、L293N 與馬達配線〕與〔圖 4-8 超音波的接線圖〕。

本段的範例是一個使用超音波感測器來偵測障礙物的輪型機器人。首先，呼叫副程式 ultrasonic（）進行距離偵測，確定前方 20 公分以內沒有障礙物時機器人前進，有障礙物的話機器人後退後右轉，再進行偵測，直到前方沒有障礙物才會繼續前進。

<EX6_4> 超音波感測器量測距離

```
01    #define motorIn1  5
02    // 右邊馬達，L293D 的 input 1 接到 Arduino 的 #5 腳位
03    #define motorIn2  6
05    // 右邊馬達，L293D 的 input 2 接到 Arduino 的 #6 腳位
06    #define motorIn3  9
07    // 左邊馬達，L293D 的 input 3 接到 Arduino 的 #9 腳位
08    #define motorIn4  10
09    // 左邊馬達，L293D 的 input 4 接到 Arduino 的 #10 腳位
10
11    // 超音波
12    int trig = 3;      // Trig 腳位接到 digital 3
13    int echo = 4;      // Echo 腳位接到 digital 4
14    int distance;
15
16    void setup() {
17      Serial.begin(9600);
```

```
18      pinMode(motorIn1, OUTPUT);
19      pinMode(motorIn2, OUTPUT);
20      pinMode(motorIn3, OUTPUT);
21      pinMode(motorIn4, OUTPUT);
22      // 設定馬達控制晶片連接之腳位模式
23      pinMode(trig, OUTPUT);   // 設定超音波模組連接之腳位模式
24      pinMode(echo, INPUT);
25    }
26
27    void loop()
28    {
29      ultrasonic();        // 呼叫超音波測量距離的副函式
30      if(distance<20)      // 距離低於 20cm，後退後往右轉
31      {
32        backward();
33        delay(2000);
34        right();
35        delay(500);
36      }
37      else                 // 距離大於 20cm，前進
38      {
39        forward();
40        delay(1000);
41      }
42    }//loop
```

下面是機器人的各個副程式：ultrasonic（ ）負責超音波測距離，forward（ ）、backward（ ）、right（ ）則如其名，負責機器人的前進、後退、右轉等動作。

```
43    void ultrasonic()
44    {
45      digitalWrite(trig, LOW);         // 送出低電位 2us
46      delayMicroseconds(2);
47      digitalWrite(trig, HIGH);        // 送出高電位 10us
48      delayMicroseconds(10);           // 等待 10us 讓模組準備好發出超音波
49      digitalWrite(trig, LOW);         // 時間到立刻設定為 LOW
50      distance = pulseIn(echo, HIGH);
51      // 等待超音波回波讀取，並量取所經過的時間長短
```

```
52    distance= distance/58;              // 轉換為 CM
53
54    Serial.print(distance);
55    Serial.println(" cm.");
56    delay(100);
57  }
58
59  void forward()                        // 前進之副程式
60  {
61    Serial.println("Forward");
62    digitalWrite(motorIn1, HIGH);       // 右輪正轉
63    digitalWrite(motorIn2, LOW);
64    digitalWrite(motorIn3, HIGH);       // 左輪正轉
65    digitalWrite(motorIn4, LOW);
66  }
67
68  void backward()                       // 後退之副程式
69  {
70    Serial.println("Backward");
71    digitalWrite(motorIn1, LOW);        // 右輪反轉
72    digitalWrite(motorIn2, HIGH);
73    digitalWrite(motorIn3, LOW);        // 左輪反轉
74    digitalWrite(motorIn4, HIGH);
75  }
76
77  void right()                          // 右轉之副程式
78  {
79    Serial.println("Right");
80    digitalWrite(motorIn1, LOW);        // 右輪反轉
81    digitalWrite(motorIn2, HIGH);
82    digitalWrite(motorIn3, HIGH);       // 左輪正轉
83    digitalWrite(motorIn4, LOW);
84  }
```

6-5 搖桿控制機械手臂

您需要用到的東西：

名稱	數量
MeArm 四軸桌上型機械手臂	1
XY 類比搖桿	2

接著要換點口味，來看看機械手臂吧！機械手臂（手型機器人）不像輪型機器人會跑來跑去，它通常會固定在某個地方進行搬運、切削、打模等作業，當然如果您想要像本書封面一樣把兩者結合起來也是可以的喔！

本段要使用的機械手臂是 MeArm，MeArm 是一款開放原始碼的機器手臂，您可以在網路上下載 MeArm 的向量圖檔案（http://www.thingiverse.com/thing:360108），接著把檔案和壓克力板（或木板）帶到有雷射切割機的學校、研究室或是製造者空間，就可以把整台機械手臂做出來了（根據各地點需求可能需要負擔一點費用）。

本專題的 MeArm 是將使用兩個 XY 軸搖桿控制機械手臂左右旋轉、上下移動與手臂末端上的夾爪開合，下圖是本書作者群團隊改良後的 MeArm（http://www.cavedu.com/robotarm/），當然不包括樂高小人偶在內啦！

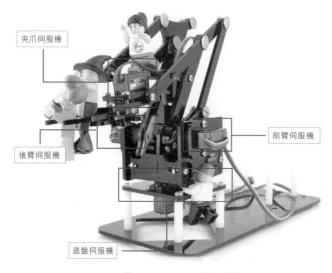

夾爪伺服機

後臂伺服機

前臂伺服機

底盤伺服機

圖 6-8 MeArm 機械手臂

　　XY 軸搖桿就是電視遊樂器手把上的類比搖桿，搖桿可以 360 度旋轉。XY 軸搖桿的內部結構是兩個可變電阻（有彈簧可以自動回彈到原位）搭配一個按鈕。使用 AnalogRead 讀取搖桿的 Hor 腳位時，它的 X 軸數值由左到右是 0~1023，讀取搖桿的 Ver 腳位時，它的 Y 軸數值由上到下是 0~1023，如圖 6-9。另外還有一個按鈕腳位（根據不同廠商可能標示為 SEL 或 SW），請接到 Arduino 任一數位腳位之後即可使用 digitalRead() 指令讀取是否被壓下，但本專題並未使用這個腳位。

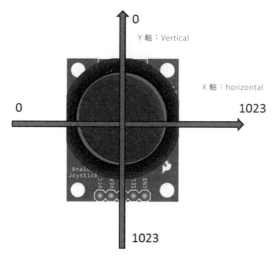

圖 6-9　XY 類比搖桿的軸向示意圖

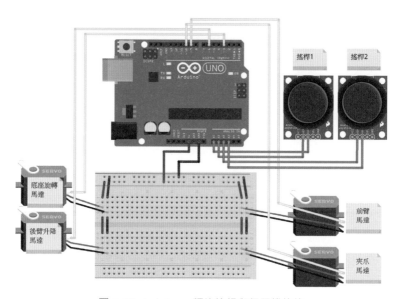

圖 6-10　Arduino、類比搖桿與伺服機接線

在 <EX6_5> 裡，使用了 myservo1、myservo2、myservo3、myservo4 四
個 Servo 物件來管理四顆伺服機。09~12 行定義了與每一個伺服機溝通的訊
號腳位，請注意伺服機的訊號腳位一定要接在 Arduino 支援 PWM 的腳位才
行。

<EX6_5> 搖桿控制機器手臂

```
01    #include <Servo.h>
02    Servo myservo1;          // 底盤旋轉馬達
03    Servo myservo2;          // 後臂升降馬達
04    Servo myservo3;          // 前臂馬達
05    Servo myservo4;          // 夾爪馬達
06    void setup()
07    {
08      Serial.begin(9600);
09      myservo1.attach(3);     // 底盤旋轉馬達設定為 Pin3
10      myservo2.attach(6);     // 後臂升降馬達設定為 Pin6
11      myservo3.attach(9);     // 前臂馬達設定為 Pin9
12      myservo4.attach(10);    // 夾爪馬達設定為 Pin10
13    }
```

XY 軸搖桿中有兩個會自動歸位的電位計，因此需要使用兩個 analogRead() 來
讀取它們，X 軸的數值由左到右是 0~1023，Y 軸的數值由前到後是 0~1023，一
般搖桿放著不動的時候，數值是在 512 上下。每一個搖桿的數值會有些微不同，
大家買到搖桿時要直接試試看喔！一台機械手臂上有四顆伺服機，因此總共需要
用到兩個 XY 軸搖桿。

```
14    void loop()
15    {
16      int s1,s2,s3,s4;
17      // 將搖桿的數值儲存於 s1,s2,s3,s4
18      // 每一個搖桿中點的數值會由些微的不同
19      s1=analogRead(A0);// Pin A0: 搖桿 1，由左至右為 0~1023，中點約在 510
20      s2=analogRead(A1);// Pin A1: 搖桿 1，由前往後為 0~1023，中點約在 499
21      s3=analogRead(A2);// Pin A2: 搖桿 2，由前往後為 0~1023，中點約在 490
22      s3=analogRead(A3);// Pin A3: 搖桿 2，由左至右為 0~1023，中點約 511
23      Serial.print("analogRead: ");
```

```
24    Serial.print(s1); // 將搖桿的四個可變電阻值顯示出來
25    Serial.print(",");
26    Serial.print(s2);
27    Serial.print(",");
28    Serial.print(s3);
29    Serial.print(",");
30    Serial.println(s4);
```

接著我們就可以使用 myservo1.write(angle)，透過這個 angle 變數來控制伺服機轉動的角度。那機械手臂每個伺服機都有不建議轉超過範圍的角度，每個伺服機適合轉的角度我們寫在下面的註解之中。

確定每個伺服機的角度範圍後，我們使用 map(value, fromLow, fromHigh, toLow, toHigh) 函式將搖桿與伺服機的最小最大值的範圍輸入，以底座馬達為例：map(s1,0,1023,50,180);s1 是 X 軸搖桿的數值，0 與 1023 是 X 軸搖桿最小與最大值，50 與 180 是底座伺服機可轉動的角度範圍，這個角度是經過實際測試所得到的，您需要根據實際狀況來調整。當我們將搖桿往左邊轉，s1 收到的數值是 0，底座伺服機則轉到 50 度的位置。

```
31    // 底座控制，運動角度為 50~180 度
32    s1=map(s1,0,1023,50,180);
33    // 直接把轉換過的角度寫入 servo1，控制底座旋轉
34    Serial.print("motor angle : ");
35    myservo1.write(s1);
36    Serial.print(" Servo1:");
37    Serial.print(s1);
38    Serial.print(",");
39
40    // 後臂控制，運動角度為 50~150 度
41    s2=map(s2,0,1023,50,150);
42    myservo1.write(s2);
43    Serial.print(" Servo2:");
44    Serial.print(s2);
45    Serial.print(",");
46
47    // 前臂控制，運動角度對應到 70~180 度
48    s3=map(s3,0,1023,70,180);
49    myservo2.write(s3);
```

```
50      Serial.print(" Servo3:");
51      Serial.print(s3);
52      Serial.print(",");
53
54      // 夾爪控制，打開和閉合的運動角度對應到 60~120
55      s4=map(s4,0,1023,60,120);
56      myservo4.write(s4);
57      Serial.print(" Servo4:");
58      Serial.println (s4);
59      delay(50);
60    }
```

6-6　總結

　　本章把之前學習的直流馬達配合藍牙遙控作出遙控小車，用伺服機控制機械手臂，讓前面章節學習到的內容做整合性的應用。目前我們把這個作品作成有顯示大燈、方向燈、喇叭的仿真小汽車，也作出遙控的移動式機械手臂車，相關的作品請參考 CAVEDU 部落格：http://blog.cavedu.com/。

6-7　延伸挑戰

挑戰一

題目：進階控制遙控車

　　您需要用到的東西：

名稱	數量
Mini Car 雙馬達車身	1
藍牙模組（HC-05 或 HC-06）	1
L293	1

　　還記得第五章使用 App Inventor 的滑桿元件控制 LED 燈漸明漸暗嗎？請修改 <EX6_1>App Inventor 藍牙遙控機器人，讓手機 App 不只可以控制機器人的方向，還可以用滑桿控制馬達的轉速。

挑戰二

題目：加裝循跡感測器

您需要用到的東西：

名稱	數量
Mini Car 雙馬達車身	1
L293	1
KY-033 感測器	2

　　請修改 <EX6_3>，加裝第二個循跡感測器來征服軌跡線的十字路口。當機器人左側的感測器偵測到線時，代表機器人偏右，這時要向左前方修正；反之則向右前方修正。當兩側的感測器同時碰到線，代表遇到了十字路口，這時候就前進一下就能順利通過。

挑戰三

題目：手機控制機械手臂

您需要用到的東西：

名稱	數量
MeArm 四軸桌上型機械手臂	1
藍牙模組（HC-05 或 HC-06）	1

請修改 <EX6_5>，做一個 App Inventor 程式來控制機械手臂吧！

雲端之夜

7

　　本章將介紹 Arduino 可使用的各種雲服務，包含自家的 Arduino Cloud 與 Temboo。本章將示範如何使用 Arduino Yun 開發板來與上述雲服務來互動，包含在雲端檢視感測器數值以及自動發布 Facebook 狀態等範例。

7-1　準備材料

名稱	數量
Arduino Yun 開發版 *	1
可聯網之 Arduino 開發版 *（例如 MKR1000）	1
搭配 WIFI Shield 之 Arduino UNO*	1
ACS712 電流感測器	1
市電電線	1
家用檯燈或其他 110V 電器	1

　* 三者則一即可，本章使用 Arduino Yun

7-2　Arduino Cloud

您需要用到的東西：

名稱	數量
ACS712 電流感測器	1
市電電線	1
家用檯燈或其他 110V 電器	1

　　Arduino.cc 於 2016 年中推出了自家的雲服務：Arduino Cloud，並搭配 Web Editor 線上程式開發環境，讓您直接可以從網路瀏覽器就能編寫並上傳程式給 Arduino。

▶ 7-2-1　建立 Arduino Cloud 的 thing

　　請登入 Arduino Cloud（https://cloud.arduino.cc/），會看到以下畫面（圖 7-1），如果還沒有帳號，請馬上申請一個免費帳號。請點選右下角的 Arduino Cloud 圖示來進入 Arduino Cloud，會進入如圖 7-2 的歡迎畫面。

圖 **7-1** Arduino Cloud

進入歡迎畫面之後，請點選 NEXT。

圖 **7-2** 登入後畫面

　接著要選用您所要使用的板子，目前的選項有 Yun Shield（就是 Arduino Yun）、MKR1000 與 WiFi Shield 101（Arduino Uno 的 Wi-Fi 擴充板）。由於不同開發板所使用的函式庫是不一樣的，因此請務必確認您選擇的開發板類型，由於本段將使用 Arduino Yun 開發板，因此請選擇 Yun Shield。詳細開發板規格請參考 Arduino 原廠網站說明：https://www.arduino.cc/en/Main/Products。

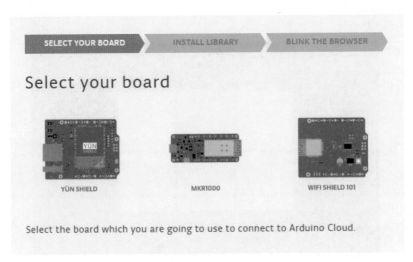

圖 7-3　選擇開發板

接著需要安裝 Arduino Cloud 的函式庫，請根據網頁説明操作，或是在 Arduino IDE 選單的 Sketch / Include Library/ Manage Libraries 中搜尋" arduinocloud" 之後點選安裝即可。

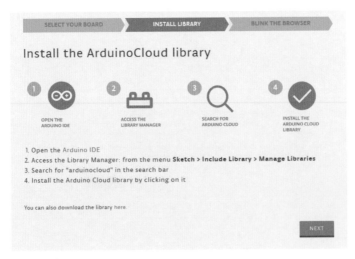

圖 7-4　安裝 Arduino Cloud 函式庫

最重要的步驟來了，要在 Arduino Cloud 建立一個物（thing）來與您的 Arduino 開發板互動，在此取名為『cavedu』。

圖 7-5 命名 thing

　　建立完成之後可以看到這個 thing 的基本資訊，除了 USERNAME 與 THING_ NAME 之外，還包含 THING_ID、THING_PASSWARD 等識別資料，您需要在 Arduino 草稿碼中填入這些資料才能正確執行。

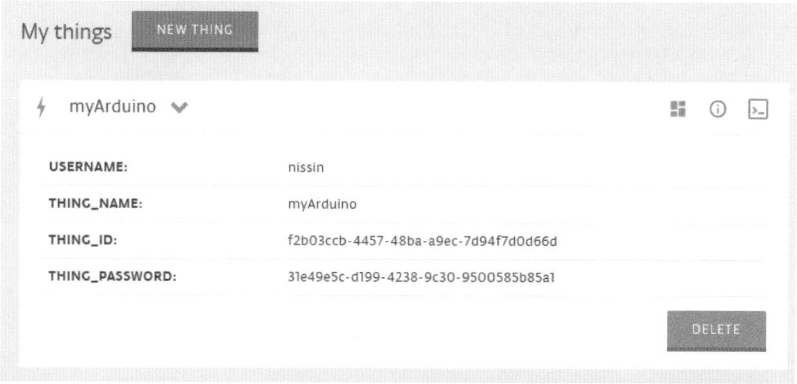

圖 7-6 thing 的基本資料

　　只有 thing 還不夠，我們還需要接收不同資料的窗口。請點選右上角的 dashboard，並點選 ADD NEW PROPERTY 來新增一個 Property（圖 7-7a），事實上一個 Property 就是用來顯示資料的欄位。由於後續範例將上傳光敏電阻的資料到 Arduino Cloud，因此 Property 的 Name 欄位請輸入『light』、Type 請選擇 Int（Arduino 類比腳位的數值範圍為 0~1023），另外可用的資料型態還有 Character String（字元）與 Float（浮點數），後續請根據您所選用的輸入裝置改為正確的資料型態。最後 Policy 請選擇『Update regularly』，並設定 Update frequency 為 0.5，單位為秒。在此有另一個選項為『Update on change』，如果您使用的是像溫溼度感測器這類型更新較慢的裝置，可以改用這個選項以避免持續上傳變化不太大的數值。完成後會看到如圖 7-7b 的畫面。

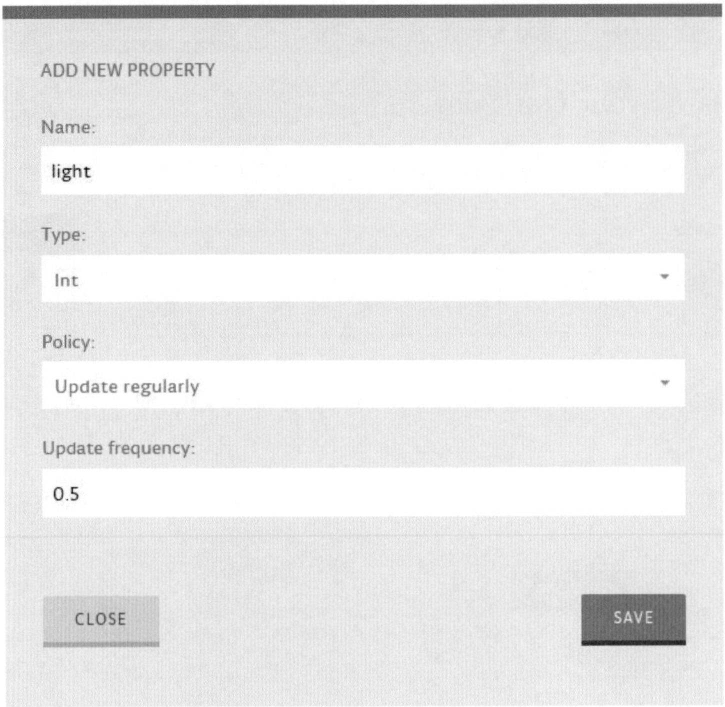

圖 7-7a 新增 Property 畫面

圖 7-7b 新增 Property 完成

　　請注意目前 Arduino Cloud 只能接收來自 Arduino 丟上去的資料，還不能透過 Arduino Cloud 來控制開發板。

▶ 7-2-2 ACS712 電流感測器

在第二章介紹過如何使用繼電器來控制電器開關,那麼如果我們想知道某個電器的耗電量該怎麼辦呢?這時就可以使用 ACS712 電流感測器,這是一款低雜訊的類比式感測器,可用來量測某條電線上所接電器所經過的電流,可藉此計算功率等其他電力相關參數等。

圖 7-8 ACS712 電流感測器

表 7-1 ACS712 電流感測器規格

工作電壓	5V
可負荷電流	20A,另外還有 5A 與 30A 的型號
輸出錯誤率	25℃時約 1.5%
解析度	66 ～ 185 mV/A

硬體配置
本範例所需硬體如下,並根據圖 7-9 接好所有元件。

◎ Arduino Yun 開發板

◎ 麵包板

◎ 線材,數條

◎ ACS712 電流感測器,1 個

圖 7-9 <EX7_1> 電路示意圖

<EX7_1> 顯示電器功率

在上傳資料到雲端之前，先來認識一下電流感測器是如何使用的。

我們在第 15 行對感測器進行校正，這個 zero_sensor 可說是量測的基準點。這時請注意您所接的電器不可啟動。

zero_sensor = readCurrent();

接著根據感測器的資料表（http://www.allegromicro.com/~/media/files/datasheets/acs712-datasheet.ashx），在第 27 行將感測器原始值與校正點 zero_sensor 相減之後經過計算得到可用的電流值：

amplitude_current = (float)(sensor_value - zero_sensor) / 1024 * 5 / 185 * 1000000;

接著再除以根號 2（Arduino 沒有根號 2 的數學常數可用，在此用 1.414 近似值，或使用 sqrt(2) 也可以）就可求出有效電流，如第 29 行：

最後可根據電功率公式 P =（I * V）（電流 * 電壓）來求出功率。

<EX7_1> 完整程式碼如下：

```
01    #define CURRENT_SENSOR A0                    // 電流感測器連接腳位
02
03    float amplitude_current;
04    float effective_value;
05    float effective_voltage = 110;               // 如果是歐洲地區請改為 220
06    float effective_power;
07    float zero_sensor;
08
09    void setup(void)
10    {
11      Serial.begin(115200);
12      // 於空電流時校正感測器
13      zero_sensor = readCurrent();
14      Serial.print("Zero point sensor: ");
15      Serial.println(zero_sensor);
16      Serial.println("");
17    }
18
19    void loop(void)
20    {
21      float sensor_value = readCurrent();   // 呼叫自定義的感測器讀取函式
22      Serial.print("Sensor value: ");
23      Serial.println(sensor_value);
24
25      // 轉換為電流
26       amplitude_current = (float)(sensor_value - zero_sensor) / 1024 * 5 /
    185 * 1000000;
27      effective_value = amplitude_current / 1.414;
28      // 除以根號 2 就是有效電流
29      effective_power  = abs(effective_value * effective_voltage / 1000);
30      // 電功率 P = I * V
31
32      // 顯示計算後資料
33      Serial.println("Current amplitude (in mA): ");
34      Serial.println(amplitude_current, 1);
35      Serial.println("Current effective value (in mA)");
36      Serial.println(effective_value, 1);
37      Serial.println("Effective power (in W): ");
```

```
38      Serial.println(effective_power, 1);
39      // 電功率 P = I * V
40      delay(50);
41    }
42
43    // 讀取電流感測器數值
44    float readCurrent()
45    {
46      int sensorValue;
47      float avg = 0;
48      int nb_measurements = 20;
49      for (int i = 0; i < nb_measurements; i++) {
50        sensorValue = analogRead(CURRENT_SENSOR);
51        avg = avg + float(sensorValue);
52      }
53      avg = avg / float(nb_measurements);
54      return avg;
55    }
```

▶ 7-2-3 上傳耗電量到 Arduino Cloud

本段將實際將 Arduino Yun 的 A0 腳位狀態（採用 ACS712 電流感測器）上傳到 Arduino Cloud 的指定 Property 中。請確認您已經在 Arduino Cloud 中建立一個 thing 以及正確的 Property，本段的 Property 名稱為如圖 7-7a 所述。

硬體配置：
本範例所需硬體同上一個範例，只是開發板須由 Arduino Uno 改為 Arduino Yun。

◎ Arduino Yun 開發板
◎ 麵包板
◎ 線材，數條
◎ ACS712 電流感測器，1 個

建立好 thing 之後，Arduino Cloud 會產生一段程式碼讓您上傳字串到指定的 Property。在此先執行 Arduino Cloud 的預設範例,就是上傳字串到指定 Property。

<EX7_2>Arduino Cloud 上傳字串

```
01    #include <Bridge.h>
02    #include <BridgeSSLClient.h>
03    #include <ArduinoCloud.h>
04
05    // Arduino Cloud 相關設定
06    const char userName[]  = "***"; // 填入您的 Arduino.cc 使用者名稱
07    const char thingName[] = "%%%"; // 填入您的 thing 名稱
08    const char thingId[]   = "XXX";   // 填入您的 thingId
09    const char thingPsw[]  = "OOO";   // 填入您的 thingPsw
10
11    BridgeSSLClient sslClient;
12
13    // 建立一個 ArduinoCloudThing 物件
14    ArduinoCloudThing  myArduino;
15
16    void setup() {
17      Serial.begin (9600);
18      Serial.println("Starting Bridge");
19      Bridge.begin();
20      Serial.println("Done");
21
22      myArduino.begin(thingName, userName, thingId, thingPsw, sslClient);
23      myArduino.enableDebug();
24      // 定義 Property 內容
25      myArduino.addProperty("light", INT, R);
26    }
27
28    void loop() {
29      myArduino.poll();
30      myArduino.writeProperty("light", "oh...");
31      // 對 light Property 寫入" oh…" 字串
32      delay(1000);
33      myArduino.writeProperty("light", "yeah!");
```

```
34      // 對 light Property 寫入 ” yeah!” 字串
35      delay(1000);
36    }
```

執行之後可以在您方才設定的 light Property 中看到” oh…” 與” yeah!” 字
樣輪流顯示，這樣就代表您的 Arduino 與 Arduino Cloud 正確連通了！

<EX7_3> 上傳電流感測結果到 Arduino Cloud

接著要結合 <EX7_1> 與 <EX7_2>，讓 Arduino Yun 可以把電流感測器的量測
結果上傳到 Arduino Cloud，因此做了點修改。如以下程式碼的 42、43 就是對
應到 Arduino Cloud 的 Property 名稱：

sensorTower.addProperty("effectivevalue", FLOAT, R)；
sensorTower.addProperty("effectivepower", FLOAT, R)；

接著在此為 65 與 66 行將計算後的有效電流與有效功率上傳到 Arduino
Cloud：

sensorTower.writeProperty("effectivevalue", effective_value)；
sensorTower.writeProperty("effectivepower", effective_power)；

完整 <EX7_3> 程式碼如下：

```
01    #include <Bridge.h>
02    #include <BridgeSSLClient.h>
03    #include <ArduinoCloud.h>
04
05    // 電流感測器相關設定
06    #define CURRENT_SENSOR A0   // 電流感測器連接腳位
07    float amplitude_current;
08    float effective_value;
09    float effective_voltage = 110; // 如果是歐洲地區請改為 220
10    float effective_power;
11    float zero_sensor;
12
```

```
13
14    // Arduino Cloud 相關設定
15    const char userName[]  = "***";    // 填入您的 Arduino.cc 使用者名稱
16    const char thingName[] = "%%%";    // 填入您的 thing 名稱
17    const char thingId[]   = "XXX";    // 填入您的 thingId
18    const char thingPsw[]  = "OOO";    // 填入您的 thingPsw
19
20    BridgeSSLClient sslClient;
21
22    // 建立一個 ArduinoCloudThing 物件
23    ArduinoCloudThing  sensorTower;
24
25    void setup() {
26      Serial.begin(115200);
27      // 於空電流時校正感測器
28      zero_sensor = readCurrent();
29      Serial.print("Zero point sensor: ");
30      Serial.println(zero_sensor);
31      Serial.println("");
32
33      Serial.println("Starting Bridge");
34      Bridge.begin();
35      Serial.println("Done");
36
37      sensorTower.begin(thingName, userName, thingId, thingPsw, sslClient);
38      sensorTower.enableDebug();
39      // 定義 property 內容
40      sensorTower.addProperty("effectivevalue", FLOAT, R);
41      sensorTower.addProperty("effectivepower", FLOAT, R);
42    }
43
44    void loop() {
45      float sensor_value = readCurrent();   // 呼叫自定義的感測器讀取函式
46      Serial.print("Sensor value: ");
47      Serial.println(sensor_value);
48
49      // 轉換為電流
50      amplitude_current = (float)(sensor_value - zero_sensor) / 1024 * 5 /
    185 * 1000000;
```

```
51    effective_value = amplitude_current / 1.414;
52    // 除以根號 2 就是可用電流
53    effective_power  = abs(effective_value * effective_voltage / 1000)
54    // 電功率 P = I * V
55
56    // 顯示計算後資料
57    Serial.println("Current amplitude (in mA): ");
58    Serial.println(amplitude_current, 1);
59    Serial.println("Current effective value (in mA)");
60    Serial.println(effective_value, 1);
61    Serial.println("Effective power (in W): ");
62    Serial.println(effective_power, 1);
63
64    sensorTower.poll();
65    sensorTower.writeProperty("effectivevalue", effective_value);
66    sensorTower.writeProperty("effectivepower", effective_power);
67    // 將資料發送到 Arduino Cloud 的指定 Property
68    delay(1000);
69  }
70
71  float readCurrent() {   // 讀取電流感測器數值之自訂函式
72    int sensorValue;
73    float avg = 0;
74    int nb_measurements = 20;
75    for (int i = 0; i < nb_measurements; i++) {
76      sensorValue = analogRead(CURRENT_SENSOR);
77    // 讀取類比腳位狀態
78      avg = avg + float(sensorValue);      // 加總
79    }
80    avg = avg / float(nb_measurements);   // 取 20 次平均
81    return avg;                           // 回傳計算結果
82  }
```

操作執行時，請先讓您的 Arduino Yun 連上外部網路，接著稍等一下就能看到 Arduino Cloud 上 Property 中看到數值了。

7-3 Temboo

▶ 7-3-1 Temboo 環境建置

　　Temboo 可說是一個線上函式庫大全，幫您打通了很多社群網路，例如。本段就要以 Facebook 作為範例，讓您的 Arduino 在觸發某個條件之後就能以您的 Facebook 帳號自動發布訊息到您的個人動態牆。事實上 Facebook 等社群網路在虛擬世界中就是代表您個人，因此在認證方面一定會比較嚴格，否則隨便一個外部程式就可以自由發布訊息到您的 Facebook 頁面，這樣不就天下大亂了嗎？

　　請開啟 Temboo 網站（https://temboo.com/）並註冊一個帳號吧，登入後的主畫面如下，您可左側看到一些最常見的應用服務或社群網路：

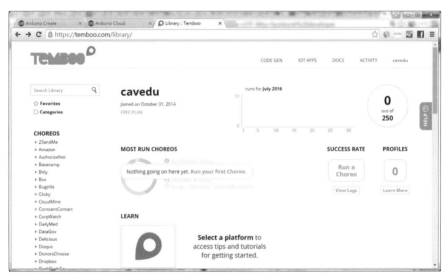

圖 7-10 Temboo 主畫面

　　Temboo 目前支援的開發板有：
◎可使用 Arduino WiFi 101 Shield 的 Arduino，例如 Arduino Uno
◎ Arduino Yun
◎ Samsung ARTIK
◎ Text Instruments LaunchPad

　　Temboo 的收費方式分為 Enterprise 與 Free 兩種，如果沒有適合的話，可以寫信去與 Temboo 詢問客製化方案：

Enterprise	Free
◎ M2M 訊息收發 ◎感測器資料串流 ◎預先建置的 IoT App ◎ 100,000 次以上的呼叫 ◎ 20 個以上的永久 Profiles ◎ 16 GB 以上的資料傳輸量 ◎不限數量的永久 App Key	◎ 250 次呼叫 ◎ 3 個每月性的 Profile ◎ 1 GB 的資料傳輸量 ◎ 1 個每月性的 App Key

　　請根據您的實際狀況來決定要使用哪一種等級的帳號，就業餘用途來説，Free
方案免費帳號已經很夠用了。

▶ 7-3-2 Arduino 自動發布 Facebook 動態

　　本範例將使用 Temboo 的 Facebook 相關函式庫，讓您的 Arduino Yun 可以自
動發布 Facebook 動態，聽起來很棒吧！請根據以下步驟操作：

第一階段：Temboo 的 Facebook 設定

1. 到 Facebook 開發者網站（https://developers.facebook.com/）登入您的
Facebook 帳號，在畫面右上角的 [我的應用程式] 選單中請點選 [建立應用程
式]，會跳出以下的畫面。之後就需要用這個 App （在此我取名為 caveyun）
來讓您的 Arduino Yun 與 Facebook 互動。這邊的認證一定會比較嚴格，不
然阿貓阿狗也可以發動態到您的個人動態牆就不妙了。另一方面，如果您的
Facebook 帳號比較不活躍（例如沒有通過電話簡訊認證）的話，這一步很有
可能無法完成，Facebook 可能會認為這是洗版的機器人帳號。建立時，請選
擇最右邊的 www 網站，接下來就依序填入相關的資料就好。

圖 **7-11** Facebook 開發者頁面，建立新的應用程式

2. 建好之後，就會看到以下的 App 設定，其中重要的就是 App ID 與 App Secret，這兩筆資料在第二階段 Temboo 申請 OAuth Token 會用到。請注意在畫面下方的網站網址（Site URL）欄位中，請填入 [https://temboo.com/oauth_helpers/confirm_facebook/]，代表認證用連結。

圖 **7-12** 設定 Facebook app 的 Site URL

第二階段：Temboo 端取得 OAuth Token

1. 在 Temboo 網站註冊一個帳號後，請先點選右上角的 ACCOUNT 標籤，接著點選左側的 Applications，在此要建立一個 Temboo application，一樣會看到一個 Application name (arduinoyun) 與 Application key，這些資料要填在 Temboo.h 中喔！

圖 **7-13** 登入 Temboo 的 ACCOUNT 頁面

2. 把畫面右上角的 IoT Mode 打開，並選擇開發板為 Arduino Yun

圖 **7-14** 選定開發板

3. 選擇 Temboo 頁面左側，您會看到很多知名的網路服務 (Google, Dropbox, DuckDuckGo… 還有 Uber，真想都玩玩看！) 請在 Temboo 頁面左側找到 Facebook 下的 Publishing > SetStatus。

圖 **7-15** 於 Temboo 左側選單找到 Facebook > Publishing > SetStatus

4. 接下來，Temboo 會帶您一步步操作，成功的話就可以取得 AccessToken。 請點選 [Get OAuth Tokens] 來取得 OAuth Token，這是用來把您的 Temboo

App 與 Facebook App 彼此認識的鑰匙喔！下方的 Message 欄位則是您要發佈到 Facebook 個人動態牆的內容，請填入任何您想要的字樣，或是後續在 Arduino 草稿碼中設定也可以。

圖 7-16 開始取得 OAuth Token

5. OAuth 第一步是要請您建立一個 Facebook App，這已經完成了吧。

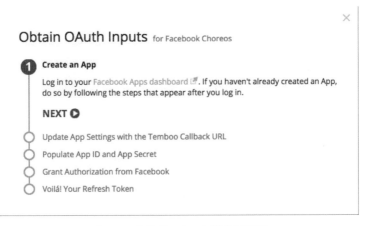

圖 7-17 登入 Facebook 開發者頁面

6. 第二步是要在 Facebook App 頁面填入一個 Callback URL，請把 [https://temboo.com/oauth_helpers/confirm_facebook/] 這個連結填入您的 App Website 區中的 Site URL 欄位，完成後點選 Save Changes。這我們在圖 7-12 已經做過了，在此再確認一次。

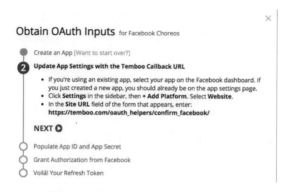

圖 7-18　填入 Temboo Callback URL

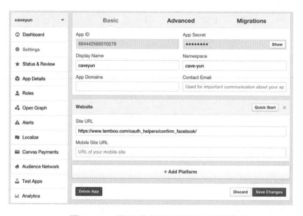

圖 7-19　再次確認是否填入正確欄位

7. 在此填入您的 Facebook App ID 與 App Secret。

圖 7-20　填入 Facebook App 相關資料

8. 啟動認證，這時會跳轉到一個 Facebook 畫面，詢問您是否同意這個 App 可以發布訊息到您的動態牆，您在此可以決定發布的訊息是公開、只限朋友還是只限個人。很多 Facebook 小程式或是遊戲都會有這個步驟。

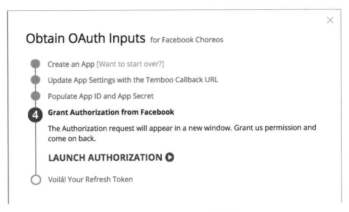

圖 7-21-a 啟動認證

圖 7-21-b 同意畫面

9. 終於完成了！其實 Temboo 也幫您把程式碼都弄好了，就是要取得這個 Access token 碼。請把圖 7-22 中的程式碼上傳到您的 Arduino Yun，確認網路連線都正常之後，過一會應該就可以看到您的 Facebook 帳號出現新的貼文囉！

圖 7-22 順利產生所有程式碼

　　別忘了在 Temboo.h 中要填入三筆資料，您的 Temboo 帳戶名稱、Application name 與 Application key，別把 Facebook 的 App ID / App Secret 搞混啦！

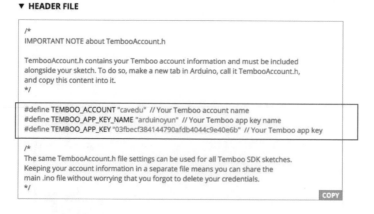

圖 7-23 在 temboo.h 中確認相關資訊是否正確

▶ 7-3-3 Arduino 接線

　　本範例需要用到上述的光敏電阻，接線請參考圖 7-。Temboo 可以幫我們設定觸發條件，當超過設定值 800 時，就會發布訊息到您的 Facebook 個人動態牆，如圖 7-24。

Facebook . Publishing . **SetStatus** ☆

Updates a user's Facebook status.

🔵 **Is this Choreo triggered by a sensor event?**

If ANALO A0 is > ▼ 800 then run the Choreo

圖 **7-24** 設定觸發條件

上述的設定完成之後，請將程式上傳到您的 Arduino Yun 並執行，順利的話就可以看到以下畫面，Arduino 成功在您的 Facebook 動態牆上發布消息了，是不是很有成就感呢？如果擔心被洗板的話，可以把發文權限設定為『只限本人』，這樣就只有您可以看到這個訊息了。

圖 **7- 25** 順利發布 Facebook 動態

7-4 總結

本章介紹了 Arduino 可運用的兩種雲服務：Arduino Cloud 與 Temboo。前者目前尚處於起步階段，所以只能檢視 Arduino 所上傳的資料。Temboo 則是便於您與許多線上服務連接，例如 Facebook、Google、Dropbox 等等，本章示範的是光值超過指定條件值之後，就會讓 Arduino Yun 發佈訊息到您個人的 Facebook 動態牆。

7-5　延伸挑戰

挑戰一

題目：計算電費

您需要用到的東西：

名稱	數量
ACS712 電流感測器	1
市電電線	1
家用檯燈或其他 110V 電器	1

請修改 <EX7_1>，根據電功率來計算某段時間中，接在 ACS712 電流感測器所耗用的電費，例如每度電價為新台幣 3 元（台灣採計累進電價，並分成營業與非營業用電，在此簡化為 3 元），台灣的電力計價公式為：

度數 = 消耗電功率 (W) * 小時數 (H) / 1000

例如我家的吹風機耗電量是 1,500W，吹頭髮 15 分鐘（0.25 小時），使用電量就是 1500 * (15/60) / 1000 = 0.375 度，如此就能算出這 15 分鐘的電費是 3 * 0.375 = 1.125 元。

參考資料：台灣電力公司 - 電費試算頁面 http://www.taipower.com.tw/content/q_service/q_service01.aspx?NType=4

挑戰二

題目：與雲端連結

您需要用到的東西：

名稱	數量
DHT11 溫溼度感測器	1

挑戰三

題目：Temboo

請玩玩看 Temboo 其他的範例，例如條件滿足時發送 Gmail。

筆記欄

Arduino 從入門到雲端

發 行 人：邱惠如

作　　者：CAVEDU 教育團隊 徐豐智、周子鈺

總 編 輯：曾吉弘

執行編輯：薛皓云

業務經理：鄭建彥

行銷企劃：洪卉君

編排人員：劉庭吟、吳怡婷

封面設計：劉庭吟

出　　版：翰尼斯企業有限公司

地　　址：臺北市中正區中華路二段165號1樓

電　　話：（02）2306-2900

傳　　真：（02）2306-2911

網　　站：www.robotkingdom.com.tw

電子回函：https://goo.gl/3KCPeD

總 經 銷：時報文化出版企業股份有限公司

電　　話：（02）2306-6842

地　　址：桃園縣龜山鄉萬壽路二段三五一號

■二〇一六年十月初版

定　　價：480元

I S B N：978-986-93299-1-0

國家圖書館出版品預行編目資料

Arduino從入門到雲端／CAVEDU教育團隊
徐豐智、周子鈺著／ --初版. - 臺北市：
翰尼斯企業，2016. 10
面；　公分

ISBN　978-986-93299-1-0（平裝）
1. 微電腦 2.電腦程式語言
471.516　　　　　　　　105015384